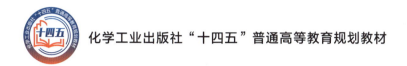

化学工业出版社"十四五"普通高等教育规划教材

生物技术与诺贝尔奖

Biotechnology and
Nobel Prize

李珺　主编

化 学 工 业 出 版 社

·北京·

内容简介

《生物技术与诺贝尔奖》教材精心挑选重大前沿生物技术门类与诺贝尔奖研究成果,按照生命科学的逻辑规律,根据 DNA、RNA、蛋白质、生物大分子、小分子代谢物、药物化合物等不同层次之间的递进关系进行内容组织,并将重组蛋白、mRNA 疫苗、新冠病毒核酸检测、癌症的基因治疗、X 射线衍射技术、人工智能、定制医疗、DNA 存储技术等众多碎片化的前沿科技知识点关联整合成系统的生命科学知识网络。

本教材大量引用大师级经典学术成果,涵盖近百位诺贝尔奖得主的重要科学贡献,包括生理学或医学奖、化学奖、物理学奖等;同时融合了贴近生活、改善民生的科技革新事例,以及诺奖得主真实有趣的人生故事。书中还以"知识框"对相关拓展知识进行扼要介绍,通过"问一问"启发读者进一步思考,也配套了"诺奖小故事";还以二维码形式链接 Rays 平台生物小动画及"问一问"答案等数字资源。

本书是生物、医学等专业的通识课和选修课教材,也可作为生物科普读物供一般科技工作者阅读参考。

图书在版编目(CIP)数据

生物技术与诺贝尔奖 / 李珺主编. -- 北京 : 化学工业出版社, 2025. 3. -- (化学工业出版社"十四五"普通高等教育规划教材). -- ISBN 978-7-122-47153-6

Ⅰ. Q81

中国国家版本馆CIP数据核字第202577XE60号

责任编辑:傅四周　赵玉清　　　　　　　文字编辑:刘洋洋　刘玉权
责任校对:赵懿桐　　　　　　　　　　　装帧设计:韩　飞

出版发行:化学工业出版社(北京市东城区青年湖南街 13 号　邮政编码100011)
印　　装:河北京平诚乾印刷有限公司
787mm×1092mm　1/16　印张 10¾　字数 265 千字　2025 年 5 月北京第 1 版第 1 次印刷

购书咨询:010-64518888　　　　　　　　售后服务:010-64518899
网　　址:http://www.cip.com.cn
凡购买本书,如有缺损质量问题,本社销售中心负责调换。

定　　价:55.00元　　　　　　　　　　　　　　　　　　　　　　版权所有　违者必究

编者名单

李 珺 北京理工大学 第一、二章
冯旭东 北京理工大学 第三章
于 洋 北京理工大学 第四章
周晓宏 北京理工大学 第五章
王 颖 北京理工大学 第六章
梁建华 北京理工大学 第七章

序言一

诺贝尔奖是代表人类科学探索与社会文明最高荣誉的奖项，获得诺贝尔奖标志着为世界做出了不可磨灭的贡献。走过一百二十多年的辉煌历程，它见证了人类科学的持续发展，见证了人类文明的不断进步。

生物技术作为获得全球最多投资的一股强大力量，一个世纪以来飞速发展和壮大，强力推动了全球医药、农业、能源、环境等各个领域的进步，深刻而持久地改变着世界各国人民的生活水平和生活方式。

本书旨在引领我们一同走进成就辉煌的诺贝尔奖天地，领略历代获奖者迷人的科学世界及其对我们生活的深远影响，感受卓越科学家的才华、创造力以及荣耀背后的故事；同时，为读者提供一个深入理解和品读生命科学原理与技术的平台，并告诉读者生物技术影响我们社会的基本原理和科学见解。本书为读者打开一扇扇经典的生物技术大门，回望不同时期、不同国籍、不同背景下涌现出来的杰出人才与杰出贡献，鉴赏这些史诗般壮丽的人类智慧结晶，鸟瞰诺贝尔化学奖与诺贝尔生理学或医学奖两者长期协同发展、促进生物技术迈入新时代的奇妙过程。

本书涵盖了一个又一个取得重大突破的里程碑：从发现基因与染色体的关系到DNA双螺旋的结构解析，从遗传密码的破译到蛋白质的合成，从"分子剪刀"限制性内切酶到DNA重组技术、基因组编辑技术，从治疗疟疾、线虫寄生虫的新疗法到细胞介导的免疫防御特性……纵览诺贝尔奖与近现代生物技术的发展历程，我们可以非常放心地说，诺贝尔奖获得者们对世界科技和社会经济发展的影响极其广泛而深远。

本书还生动展示了许多与读者日常生活可能有密切联系的生物技术实用案例，如DNA的数字化存储技术、病毒测序技术、拯救生命的mRNA疫苗、人工合成胰岛素与蛋白质测序技术、感受温度和疼痛的离子通道蛋白、"生物钟"昼夜节律的分子机制、揭示长寿奥秘的端粒与端粒酶、维生素增强免疫力的发现历程、解析生物大分子结构的冷冻电镜技术、人工智能蛋白质药物与工业酶、天然产物及药物小分子的设计等等，不胜枚举。通过阅读本书，读者可以清晰地了解生物技术相关诺贝尔奖成果如何重塑我们所生存的世界，如何巧妙应对人类所面临的种种重大挑战，如何从宏观到微观水平为世人提供各种解决方案。

诺贝尔奖获得者大都拥有罕见的科学实力、与众不同的人生故事和触动心灵底层的精神影响力。在这里，我们可以回溯到屠呦呦和青蒿素的故事；在这里，我们可以探索两次获得诺贝尔奖的英国绅士弗雷德里克·桑格简陋的地下实验室；在这里，我们可以跟随鼎鼎大名的PCR之父凯利·穆利斯的汽车畅想之旅去实现DNA的指数扩增；在这里，我们致敬共同获奖的父子、兄弟、夫妻这些家族式的诺贝尔奖获得者，他们的杰出贡献不仅具有强大的科学创新性，更具有深层次的社会关联度，能在不同文化和集群之间产生共鸣，直指宇宙和人类的终极意义。

编者放眼全球生物技术，把握其与诺贝尔奖成果之间的紧密联系，将生命科学、化学、分子科学、物理学的众多知识点与诺奖获得者关联成为系统的知识体系。因此，本书的价值不仅在于推动科学进步和鼓励科技创新，也最大限度促进了科学思想的碰撞与不同人类文明的交流。编者通过精心梳理,着重引导读者理解重要生物技术相关诺贝尔奖成果的原理和科学发现过程,掌握经典生物技术的工业化应用案例及背后的科学意义,提升读者对医药健康、能源环境、化工材料等各领域所涉及的关键生物技术的理论分析能力与实际应用判断能力,以逐步形成理性思考、科学鉴赏、追根溯源等行为习惯和意识。

  本书的出版对于高校学生的创新创业教育、科学精神教育、改革精神教育、科研作风教育、人生观教育和国际形势教育等诸多方面大有助益,对于影响公众科学素养和引发科技创新变革尤为重要。用科学前沿的璀璨星辰,塑造我们对美好生物世界的向往,激励我们拥抱科学技术的变革力量,照亮未来美好的道路。让我们一起踏上这段旅程,开启理解诺贝尔奖杰出贡献与生物技术成就的巅峰之旅吧!

朱玉贤
中国科学院院士
发展中国家科学院院士
教育部高校大学生物学课程教学指导委员会主任委员
农业农村部"国家转基因生物安全委员会"委员
武汉大学生命科学学院教授
北京大学生命科学学院教授
武汉大学高等研究院院长

序言二

生命究竟起源于哪里，又是通过何种方式诞生演化的？而生物技术的飞速发展，又将引领我们走向怎样一个未来世界？这一连串关于生命奥秘的终极探索，以及生物技术为人类社会带来的革命性变革，无不触及我们与自然之间那错综复杂而又深邃的联系。这是一场穿越时空的思考之旅，一次对自然界无穷智慧的追问与沉思。在人类不懈追求知识与进步的征途中，诺贝尔奖得主们及其辉煌的成就，犹如夜空中耀眼的明星，点亮了科技领域的无垠宇宙，引领着我们一步步逼近真理的彼岸。

诺贝尔奖，这一科学界的璀璨明珠，不仅享有全球最高的知名度，其深远的影响力与无可争议的权威性，使其成为世界级的科技荣誉象征。自创立之初，诺贝尔奖便秉承着超越国界与种族的崇高理念，致力于奖励那些在追求真理与探索文明道路上不懈前行的勇者。它不仅是对个人成就的肯定，更是一股激励力量，鼓舞着无数心灵以造福全人类为宏伟使命，投身于科学技术研究。诺贝尔奖的存在，催生了无数创新性的基础研究成果，为科学事业的持续进步注入了活力，助力全球可持续发展和科技实力的全面提升，展现了人类智慧与探索精神的无限可能。

在科技飞速演进的当下，生物技术（biotechnology）——这一融合了生物学、化学、物理学、计算机科学等多学科精华的领域，正以雷霆万钧之势重塑我们对生命奥秘的理解，突破人类生命健康和寿命的极限，革新化学和材料工业的旧有格局，形成提质增效的新质生产力，并重新描绘人类发展的蓝图。生物技术的蓬勃发展，不仅体现在对生命活动机制的深入洞察，还在于创造和构建新型生物系统，以应对环境、粮食、健康等全球性挑战。愿每一位翻阅此书的读者，都能在这字里行间的智慧中，领略生物技术的无限魅力，并深刻理解诺贝尔奖得主们成就背后的重大意义。愿你们以更加明智、谨慎和勇敢的态度，投身科技革命，为人类的明天开辟一条充满活力与希望的新道路。

本书由北京理工大学李珺博士精心策划并组织编写，历经多年教学实践与学生反馈提炼，形成了一部集知识性、趣味性与艺术性于一体的大学通识教材。它不仅向读者全面展现了生物技术领域诺贝尔奖成果的辉煌画卷，更是一场科学思想的深刻盛宴，激发着新的思维活力：引导读者透过现象看本质，深入理解科学技术原理的内在规律；摒弃短视的功利主义，助力基础科学研究的深入发展，并探讨科学创新与人类文明共同进步的路径；怀着敬畏之心探索自然法则，推动新发现和新成果的实际应用，培养读者珍贵的科学精神与素养。

本书的开篇章节"概论"，深入探讨了诺贝尔奖对生命科学技术发展的深远影响，并阐释了生物技术的进步如何引领全球生物经济政策的变迁。紧接着，在"DNA——生物信息的载体"一章中，深入讨论了DNA的发现及其复制机制，详尽地介绍了DNA测序技术的进展、DNA的修饰与改造技术，以及革命性的CRISPR基因组编辑技术等前沿技术。在RNA功能的相关章节中，揭示了RNA家族的丰富多样性，涵盖了信使RNA、转移RNA和核糖体RNA等，展示了它们在遗传信息的传递和蛋白质合成过程中扮演的关键角色。同时，本章还探讨了RNA病毒的生命周期，以及RNA干扰技术在医疗和农业领域的应用前景。在聚焦蛋白质研究的章节中，本书详细阐述了蛋白质结构的预测方法、生物时钟节律的分子机制，以及端粒与端粒酶在细胞衰老过程中的重要作用。这些研究不仅加深了我们对生命现象本质的理解，也为新药的开发和治疗方法的创新提供了宝贵的策略。

本书不仅深入探讨了作为生物信息载体的 DNA、在遗传信息传递与调控中扮演关键角色的 RNA，以及作为生命活动执行者的蛋白质，还向读者展示了研究生物大分子、小分子代谢物及药物分子的丰富工具和方法。内容涵盖了生物大分子的结构与功能，以及如 X 射线衍射、核磁共振波谱和冷冻电子显微镜等先进技术，这些技术使我们能够精细观察和分析生物大分子。在探讨生物小分子时，书中讨论了青蒿素的发现、维生素的重要性，以及这些小分子的合成与代谢过程。在药物分子发现的章节中，本书回顾了药物研发的历史轨迹，从对自然宝库的挖掘到现代药物设计的革新，再到针对重大疾病的治疗策略，每一段历程都充满了科学探索的挑战与成就。这些发现和应用对人类健康和疾病治疗产生了深远的影响，见证了科学的力量和人类的智慧。

特别值得一提的是，本书突出了中国生物经济和政策规划的进展，展现了中国在生物技术领域的显著成就，以及我们日益增强的全球影响力和发展潜力。作为一名深耕生物技术与工程应用研究的教授，我有幸亲历了这一领域的飞速发展和无限可能。我深知科研之路荆棘遍布，未知与挑战并存。但正如本书所揭示，正是这些未知和挑战激发了科学家们的好奇心和探索精神，推动了科技进步和社会发展。我坚信，未来的科学探险将不断带来新的启示和希望，而本书无疑将成为我们这一探索旅程中的知识宝库和灵感之源。

在此，我衷心感谢所有为本书编纂付出辛勤努力的作者和工作人员。他们的专业素养、敬业精神以及对卓越的追求，是本书得以顺利出版的重要保障。同时，我期望广大读者能够从书中获得启发，认识到生物技术的重要地位，点燃对科学探索的热情与兴趣，携手共创人类社会的辉煌未来。

李 春

清华大学长聘教授（二级教授）

清华大学合成与系统生物学中心副主任

工业生物催化教育部重点实验室主任

中国生物工程学会科普工作委员会主任 / 合成生物学分会副主任

前 言

通识教育意义重大，对于培养具备正确价值理念、完整知识体系、终身学习能力、健全人格素质人才的重要作用不容忽视。现代生物技术的全球市场体系已经非常成熟，生物经济呈现大规模不断攀升的趋势，在世界各国发展前景极为广阔。为培养具有国际行业胜任力的复合型人才，助力未来工程科学家培养实践，北京理工大学化学与化工学院生物化工研究所的教学创新团队精心设计并长期讲授通识课程"生物技术与诺贝尔奖"，广泛围绕包括化学工程与工艺、制药工程、生物技术、生物医学工程、信息与计算科学、材料化学、新能源、自动化、智能制造工程、计算机科学与技术、应用物理学、国际经济与贸易、公共事业管理、经济学、视觉传达设计等多个本科专业核心课的改革教材体系化建设而配套开展。每年本校选修该课的学生有百余名，另有通过"五校共享课程"的高校学生受惠。课程开设七年来受到热烈欢迎，评教分数均为优秀。出版这样一本贯通式人才培养的通识教材，是高等院校复合型育人教学改革体系亟需的一环。本书面向所有专业的高校师生和素质教育工作者，也面向渴望深入了解生物技术的中学生、中学教师和科普工作者，以及关心生物科技发展的政府部门决策者和热衷生物技术领域的投资者。

我们这个富于国际化教育背景的教师团队精心编纂这本具有科学性和科普性的通识教材，极大地体现了本校"多元融合"一体化本科大类人才培养体系的办学特色。众所周知，作为当今世界最重要的科学奖励系统，诺贝尔奖获奖成果代表了人类科学研究的最大成就和最高水平。编者的切入点即把握生物技术与诺贝尔奖之间的紧密联系，精心挑选重大前沿生物技术门类与诺贝尔奖研究成果，按照生命科学的逻辑规律，根据DNA、RNA、蛋白质、生物大分子、小分子代谢物、药物化合物等不同层次之间的递进关系进行梳理，并将重组蛋白、mRNA疫苗、新冠病毒核酸检测、癌症的基因治疗、X射线衍射技术、人工智能、定制医疗、DNA存储技术等众多碎片化的前沿科技知识点关联起来，整合成为系统的生命科学知识网络。本书精心设计的逻辑架构系统归纳了生物技术的发展规律，使读者收获经典科学知识的内化和科学思维能力的提升。

编者通过敲开科学硬壳，让读者"秒懂"高科技，同时将科学家趣闻故事与科学技术知识融为一体来展示。本书内容丰富有趣，结构层次分明，系统性强，前沿性强；既有逻辑清晰的科学原理解析，又有针对具体生物技术的实际应用；大量引用大师级经典学术贡献，涵盖近百位诺贝尔奖得主的重要科学贡献，包括生理学或医学奖、化学奖、物理学奖等；同时融合了贴近生活、改善民生的科技革新事例，以及历年诺奖得主真实有趣的人生故事。旨在为读者搭建一个通过认识诺贝尔奖而领略重大科学原理的桥梁，展示支撑全球万亿美元级别生物经济的技术核心，反映现代多学科交叉融合的全景风貌；有助于广大读者开阔视野，收获顶尖的科学思维方式，获得深化思考训练，提高洞察力和鉴别力，并激发更广阔的想象力。

编者经过三年深耕和十轮修订，创新性地出版了这本具有独特科学视角、完整知识体系及深入实现课程教学效果的科普性教材，是以学生为中心教学实践的产物；可配套高等院校工程教育融合课程体系的通识教育建设。书籍富有严谨的学术特征与新颖的时代特征，深入浅出地介绍了以生物技术为中心辐射到医药健康、能源化工、工程设计、智能制造、国际经济与政策等各领域的诺奖成果，旨在激发广大学子对科学技术发现的兴趣和热情，提升大众读者的判断力和认知度，以世界最负盛名的诺贝尔奖激励读者争当未来创新型科技人才，在科学探索的道路上实践创新，普遍提升中华民族的科学素养和科技水平。

衷心感谢我的恩师中国科学院院士朱玉贤教授和我们生物转化与合成生物系统（iBTSynBios）团队负责人清华大学/北京理工大学李春教授欣然为本书作序！植物生理学家、武汉大学高等研究院院长、北京大学教授朱玉贤院士以他奋发勇毅的科学家精神激励我在编纂本书的过程中不畏困难、坚持不懈。李春教授作为清华大学长聘教授、工业生物催化教育部重点实验室主任、清华大学合成与系统生物学中心副主任对于本书的架构和建设起到了至关重要的作用。

非常感谢"生物技术与诺贝尔奖"课程全体教师团队多年来的相互扶持、共同努力！特别感谢北京理工大学化学与化工学院的优秀青年学子们（张钟妮、赵容慧、杨晥洲、赵天任、郑儒雅、汪阿力·巴合提、黄丹妮、李佳林、荆坤、吕沛宣、王帅、李敬知、王四喜、刘锐辰、付嘉琦、曹佳敏、权容翠、曾睿腾、杨智钦、岳华梁、开钰琪等同学）查阅文献、搜集素材、绘制图表、制作动画，为本书增色添彩！最后，恳请广大读者积极反馈、批评指正，以便本书在未来的再版修订中不断进步！

2024 年冬月于北京

目 录

第1章 概论 /1

1.1 诺贝尔奖概述 ··· 2
- 1.1.1 诺贝尔其人与诺贝尔奖 ··· 2
- 1.1.2 诺贝尔奖的评选和颁发 ··· 3
- 1.1.3 诺贝尔奖探索生命奥秘 ··· 5

1.2 生物技术的进步 ··· 6
- 1.2.1 中心法则的逐步确立 ··· 6
- 1.2.2 诺贝尔奖与生命科学发展 ··· 8
- 1.2.3 诺贝尔奖与生物技术进步 ··· 10

1.3 生物经济与全球政策 ··· 15
- 1.3.1 华人科学家与其他重要奖项 ··· 15
- 1.3.2 中国生物经济与政策规划 ··· 16
- 1.3.3 国际生物经济与政策规划 ··· 17

第2章 DNA——生物信息的载体 /21

2.1 生物信息的起源 ··· 22
- 2.1.1 DNA的发现 ··· 22
- 2.1.2 DNA的自我复制 ··· 23
- 2.1.3 基因的存在形式 ··· 23
- 2.1.4 DNA的螺旋结构 ··· 23

2.2 DNA测序技术 ··· 24
- 2.2.1 桑格测序 ··· 25
- 2.2.2 第二代测序技术 ··· 26
- 2.2.3 第三代测序技术 ··· 27

2.3 DNA的修饰和改造 ··· 28
- 2.3.1 DNA扩增技术——PCR ··· 28
- 2.3.2 定点突变技术 ··· 31
- 2.3.3 可移动的遗传元件 ··· 32
- 2.3.4 DNA的修复机制 ··· 32
- 2.3.5 基因的靶向修饰 ··· 34

        2.3.6　CRISPR 基因组编辑技术··35
　　2.4　DNA 的化学与计算机学科应用··37
        2.4.1　DNA 的合成技术··37
        2.4.2　DNA 的数字化存储···37

第 3 章　RNA——遗传信息的传递者　/43

　　3.1　RNA 家族··44
　　3.2　RNA 病毒的一生——转录、逆转录和翻译···46
        3.2.1　逆转录病毒与转录···47
        3.2.2　自我增殖病毒和翻译···49
　　3.3　遗传密码——RNA 奉行的真理···53
        3.3.1　密码子的破译···54
        3.3.2　密码子的性质···56

第 4 章　蛋白质——生物信息的表达　/59

　　4.1　蛋白质结构··60
        4.1.1　一级结构···62
        4.1.2　二级结构···62
        4.1.3　三级结构···62
        4.1.4　四级结构···62
　　4.2　蛋白质结构和解析··62
　　4.3　蛋白质结构预测··67
        4.3.1　蛋白质结构预测的发展··67
        4.3.2　从蛋白质结构预测到创造蛋白质···70
　　4.4　生物节律··73
        4.4.1　生物节律的发现···73
        4.4.2　蛋白质与生物节律相关发现和应用······································75
　　4.5　端粒和端粒酶··76
        4.5.1　端粒和端粒酶的发现··76
        4.5.2　端粒与长寿和衰老···79
　　4.6　蛋白质与健康··82
        4.6.1　人造肉与天然肉··83
        4.6.2　疾病的治疗··85

第 5 章　观察生物大分子的眼睛　/90

5.1 生命现象的本质——生物大分子的结构与功能 ··· 91
5.1.1 蛋白质分子的结构与功能 ··· 94
5.1.2 核酸分子的结构与功能 ··· 96
5.1.3 天作之合——蛋白质与核酸（"剪不断，理还乱"的关系）············· 96

5.2 生物大分子分析技术——工欲善其事，必先利其器 ··································· 97
5.2.1 X 射线衍射——最早看到了生物大分子的光学探测方法 ················· 97
5.2.2 质谱、核磁共振谱——一级结构与三维结构 ····································· 103
5.2.3 电子显微镜——让生物大分子的模样更清晰可见 ··························· 107
5.2.4 冷冻电镜技术 ··· 109

第 6 章　生物小分子　/115

6.1 生物小分子的重要作用 ··· 116
6.1.1 抗疟之旅——青蒿素的发现 ··· 116
6.1.2 人体为什么需要维生素？ ··· 120

6.2 生物小分子的合成与代谢 ··· 128
6.2.1 生命活动的能量从何而来——糖酵解途径 ··· 128
6.2.2 物质代谢与能量代谢的枢纽——三羧酸循环 ····································· 130

6.3 生物小分子的合成与应用 ··· 134
6.3.1 胆固醇是"坏"分子吗——胆固醇的合成与应用 ····························· 134
6.3.2 脂肪酸是如何获得的？——脂肪酸的合成与应用 ····························· 137
6.3.3 微生物"变身"大药房——天然产物的合成与应用 ······················· 138

第 7 章　药物的发现　/142

7.1 自然界的瑰宝 ··· 143
7.1.1 古时医药的出现 ··· 143
7.1.2 微生物与疾病关联的发现 ··· 143
7.1.3 青霉素的发现——拉开抗生素时代的大幕 ··· 147

7.2 走向设计药物 ··· 148
7.2.1 砷凡纳明的发明 ··· 148
7.2.2 失败了的设计药物——齐多夫定 ··· 149
7.2.3 一氧化氮与西地那非、硝化甘油 ··· 150
7.2.4 气体递质 ··· 151

7.3 重大疾病的攻克 ··· 151

  7.3.1 抗高血压药物设计 ……………………………………………151
  7.3.2 曾经的绝症——癌症 ………………………………………153
  7.3.3 阿尔茨海默病是不是绝症？ ………………………………155
 7.4 未来——人工智能理性设计药物？ ……………………………156

第1章
概论

"……赠予那些在上一年度,给人类带来了最大福祉的人们。"
——阿尔弗雷德·诺贝尔

"…to those who, during the preceding year, shall have conferred the greatest benefit on mankind."
——Alfred Nobel

"最快乐的事情莫过于经过长期挣扎,让所研究的东西变得清晰,而这样的快乐因为无法预期所以更加充满乐趣。"
——罗杰·大卫·科恩伯格(2006年诺贝尔化学奖得主)

"The happiest thing is nothing more than making the researched thing become clear after a long struggle, and such happiness is even more full of fun because it can not be expected."
——Roger David Kornberg

科学技术是人类智慧的结晶,是社会进步的动力。人类自古就对奥妙的自然有好奇心,从观察自然现象逐渐推理和总结出科学规律。文艺复兴作为人类文明的里程碑,突破了宗教的禁锢,解放了人类的思想。这促进了现代科学的发展。数学、物理学、化学、生物学、医学、工程科学、前沿技术的建立发展与交叉融合奠定了工业现代化的基础。

作为一种普遍的人类自我关怀,人文精神表现为对人类尊严、价值、命运的维护、追求和关切,把"人"放在了最重要的位置上。这既是对人类文明传承的高度珍视与发扬,也是对发展理想人格的积极肯定和追求。科学与人文的高度统一使得现代社会得以形成、存立并可持续发展。

以真、善、美为主要内容,以社会奉献为体现的科学精神与人文精神也是瑞典科学家、发明家、企业家阿尔弗雷德·贝恩哈德·诺贝尔(Alfred Bernhard Nobel)毕生追求的理想和信念,是他所躬行的现实目标,也通过其遗嘱获得极为深远的传承和弘扬。诺贝尔的科学精神与人文关怀,通过一百二十多年来诺贝尔奖项的设置与成功运作,对世界各国、全球各地域与各民族的科技、文化、经济和社会的协调发展,对整个人类文明的进步,都具有非常重大的现实意义。

作为诺贝尔奖聚集的一个重要部分,生命科学技术异常显著地在20世纪飞速发展。DNA的双螺旋结构、转录的奥秘、蛋白质翻译机制等相继被破解,带来了全球范围内技术、产业和文化多方位的深刻变革。一方面,生命科学和工业深度融合,孕育了现代生物技术,催生了现代生物技术产业;另一方面,随着生命科学知识广泛传播,科研热点和评价体系发生了巨变,诺贝尔生理学或医学奖与化学奖成为追踪前沿生物技术的重要指标。

1.1 诺贝尔奖概述

1.1.1 诺贝尔其人与诺贝尔奖

阿尔弗雷德·贝恩哈德·诺贝尔(Alfred Bernhard Nobel, 1833.10.21—1896.12.10)是闻名世界的瑞典化学家、发明家、工程师和实业家(图1.1)。诺贝尔一生取得了众多科研成果,他持续改良的硝化甘油被军火商用作炸药,他也靠此积累了大量财富。虽然被改良后的炸药大规模运用于战争,但是诺贝尔本人却是和平主义者。他终生未婚,亦无子嗣,在弥留之际,留下遗嘱将财产设为基金,用于奖励为人类做出卓越贡献的人。

图1.1 瑞典科学家、发明家和企业家阿尔弗雷德·贝恩哈德·诺贝尔

作为科学家的诺贝尔,以求真、务实、开拓、创新和锲而不舍的科学精神,在电化学、光学、生物学、生理学和文学等领域均有建树。作为发明家的诺贝尔,一生中申请的发明专利高达355项之多。他取得了开有细孔的玻璃制压榨喷嘴的专利,对纺织工业产生相当大的

影响。他在以人造橡胶、人造皮革、人造宝石及以硝化纤维素为基础制造的真漆或染料等方面都有创造发明。作为实业家的诺贝尔，在世界各地设立了其主要专利产品的制造工厂和销售网点，使他的多项创造发明直接获得广泛的应用，加速推动了人类社会科学发展的进程。

天资卓越的诺贝尔不仅穷尽毕生智慧和精力于发明创造和科学实业，同时也是一位剧作家。他熟练掌握六种语言，所著《兄弟与姐妹》《最快乐的非洲》等小说，词句优美，笔调清新，独具一格。富于人文关怀且热爱和平的诺贝尔因其终生"以促进人类进步和福利事业，以纯粹的理想主义为目的"、献身于科学事业而荣获瑞典乌普萨拉大学荣誉哲学博士学位。这种科学精神和人文精神高度的统一贯穿于诺贝尔的一生。

诺贝尔奖是根据诺贝尔的遗嘱于 1901 年设立，来体现他对人类生存、发展和文明进步的终极关怀。最初的奖金来自诺贝尔通过发明创造和科学实业积累的大量资产，他留下了 3100 万瑞典克朗来奖励为人类作出卓越贡献的人士。受托管理的诺贝尔基金会历经一百多年风雨变化，战胜种种挫折，从累征税负到税收豁免，从勉强维持到独立投资，因理财有方成为许多国家纷纷效仿的榜样，成功运作直至今日。

1901 年诺贝尔奖首次颁发时，分设物理学（Physics）、化学（Chemistry）、生理学或医学（Physiology or Medicine）、文学（Literature）、和平（Peace）五个奖项。1968 年，瑞典中央银行增设经济科学（Economic Sciences）奖并在 1969 年首次颁发。

诺贝尔奖项的设立和持续颁发，极大地鼓舞了全世界自然、人文与社会科学工作者探索未知、追求真理、勇于创新的激情，促进了全球科学技术的突飞猛进。新科技成果引领的技术革新和产业革命彻底改变了人类的生活方式与世界格局。诺贝尔奖已有一百二十多年的历史，作为科学界影响力最大的顶级奖项，原则上只授予在世者，对研究的原创性和进步性要求极高，因此也被世人公认为最具权威、知名度最高的重量级奖项。

诺贝尔奖聚集了所涉学科领域中能体现"最近的成就"与"最近才认识其意义的较早成就"的学术成果。纵观历史，这些都是当时的学术精英和顶尖英才，运用创新的科学技术或表现方法所揭示的科学思想、科学理论或人文理想，它们都如璀璨夺目的闪耀星星体现其所处时代的科学精神与人文精神的具体风貌。

1.1.2 诺贝尔奖的评选和颁发

每年 9 月，诺贝尔委员会分别向全球各地的数以千计的专业人士发出邀请，请他们推荐下一年度有望获得诺贝尔奖的候选人。有资格推荐候选人的包括：前诺贝尔奖获得者、诺贝尔奖评委会委员、特别指定的大学教授、诺贝尔奖评委会特邀教授、作家协会主席（文学奖）、国际性会议和组织（和平奖）。通常每年推荐的候选名单有 1000～2000 人之多。诺贝尔奖候选人的名单不对外公开，并设置了 50 年的保密期。

诺贝尔奖评选流程如图 1.2。候选人名单须在年初提交到不同专业的诺贝尔委员会，由各专业委员会聘请专家就获得提名的候选人进行评估。经过层层筛选，委员会完成对候选人的挑选。然后，委员会将建议上交给相应的奖金颁发机构，通过投票选出最终获奖者，10 月公布获奖者名单。四个奖金颁发机构分别是：瑞典文学院、卡罗林斯卡医学院、皇家科学院和挪威诺贝尔委员会。

每年，诺贝尔奖于诺贝尔逝世纪念日 12 月 10 日颁发，在斯德哥尔摩和奥斯陆分别隆重举行诺贝尔奖颁发仪式，瑞典国王及王后亲自出席并颁发奖项。每位诺贝尔奖获奖者会获得一块奖牌、一张证书和奖金，每年奖金数额会有一定变化。诺贝尔学会负责奖金的执行过程监察和推行基金会的宗旨，分别由各个奖金颁发机构建立：瑞典皇家科学院诺贝尔学会下设

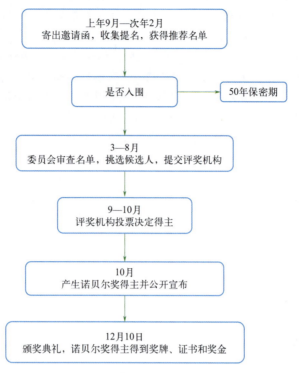

图 1.2　诺贝尔奖评选流程

物理学部和化学部，瑞典卡罗林斯卡医学院诺贝尔学会下设生物化学学部、生理神经学部和细胞研究与遗传学学部，瑞典文学院诺贝尔学会下设诺贝尔现代文学图书馆，挪威诺贝尔委员会下设关于和平与国际关系书籍的图书馆。

问一问 1.1

中国籍科学家首次获得诺贝尔生理学或医学奖是在哪一年，因什么理由？

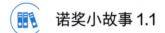

诺奖小故事 1.1

诺贝尔奖原则上仅能授予在世者，但也有三次例外。其中一次例外在 2011 年，加拿大免疫学家拉尔夫·斯坦曼（Ralph M. Steinman）因发现了树枝状细胞及其在获得性免疫中的作用获得了诺贝尔生理学或医学奖，但在公告发出的三天前他已经去世了，然而诺贝尔委员会并不知情。委员会决定遵循诚信原则，仍将该奖授予他。

历史上共有九个年份没有颁发诺贝尔奖（1915—1918，1921，1925，1940—1942），大部分在第一次和第二次世界大战期间。在 1939 年，尽管发现了药物百浪多息抗细菌感染能力的德国化学家格哈德·多马克（Gerhard Johannes Paul Domagk）荣获诺贝尔生理学或医学奖，然而由于当时的纳粹德国政府制定了不允许接受诺贝尔奖的法律，直到战后的 1947 年，多马克才正式接受了诺贝尔奖的获奖证书和奖章，但奖金未能补发给他。

1.1.3 诺贝尔奖探索生命奥秘

生命科学领域作为20—21世纪发展最快、成就最多的自然科学，囊括众多的诺贝尔奖获奖者。他们为揭开生命奥秘、探索生物世界做出了开创性的贡献。

1901年，第一枚诺贝尔生理学或医学奖章授予了德国的埃米尔·阿道夫·冯·贝林（Emil Adolf von Behring），以表彰其"对血清疗法的研究，特别是在治疗白喉上的贡献，由此开辟了医学领域研究的新途径，也使得医生手中有了对抗疾病和死亡的有力武器"。

 问一问 1.2

诺贝尔生理学或医学奖的首例获奖者是谁，因什么理由？

1947年，诺贝尔生理学或医学奖首次颁发给女科学家。格蒂·特蕾莎·科里（Gerty Theresa Cori）在这一年与丈夫卡尔·斐迪南·科里（Carl Ferdinand Cori）因共同"发现了糖原的催化转化原因"而获奖。

科学精神的家庭影响和家族传承在诺奖历史上屡屡出现。据统计，共有五对夫妻、七对父子、一对兄弟共同获得诺贝尔奖。

1959年，阿瑟·科恩伯格（Arthur Kornberg）因"发现了核糖核酸和脱氧核糖核酸的生物合成机制并成功分离了DNA聚合酶"获得诺贝尔生理学或医学奖。2006年，他的长子罗杰·大卫·科恩伯格（Roger David Kornberg）因其对"真核转录的分子基础所做的研究"荣获诺贝尔化学奖。

荷兰动物行为学家与鸟类学家尼古拉斯·"尼科"·廷贝亨（Nikolaas "Niko" Tinbergen）在动物个体和群体行为的构成和激发方面做出了重大的贡献，他与卡尔·冯·弗里希（Karl Ritter von Frisch）和康拉德·柴卡里阿斯·洛伦兹（Konrad Zacharias Lorenz）共获1973年诺贝尔生理学或医学奖。他的哥哥荷兰经济学家扬·廷贝亨（Jan Tinbergen）由于"发展了动态模型，并将其应用到经济进程分析中"，在1969年与朗纳·弗里施（Ragnar Frisch）同获首届诺贝尔经济学奖。

著名的居里家族竟五人次获得诺贝尔奖。1903年，法国波兰裔夫妇皮埃尔·居里（Pierre Curie）和玛丽·居里（Marie Curie）因"研究电离辐射现象的非凡工作"与亨利·贝克勒尔（Henri Becquerel）共获诺贝尔物理学奖；1911年，玛丽·居里又因发现元素钋和镭再获诺贝尔化学奖；1935年，居里夫妇的大女儿伊雷娜·约里奥-居里（Irène Joliot-Curie）和丈夫弗雷德里克·约里奥（Frédéric Joliot）因研究裂变现象共同获得诺贝尔化学奖。

诺贝尔奖的设立饱含为人类生活做出重大贡献的美好期盼，但也因其长期以来的评选标准和奖项设置规则的局限性引起了争议。有人认为，一些很重要的科学家及科学发现曾被忽略。例如，发现元素周期表的德米特里·门捷列夫（Dmitri Mendeleev）和解释原子核裂变的莉泽·迈特纳（Lise Meitner）都不曾获奖；阿尔伯特·爱因斯坦（Albert Einstein）也没有因为其伟大的相对论获奖，而是因他光电效应的贡献获得了1921年诺贝尔物理学奖。也有人认为，诺贝尔奖忽略了数学，也不考虑新兴的计算机技术、机器人技术和环保科学等，不足与当今高速发展的时代匹配等等。

然而瑕不掩瑜，作为当今世界最重要的科学奖励系统，诺贝尔奖获奖成果仍然可以代表人类科学研究的最伟大成就和最高水平。特别是在全球生物经济日新月异的发展背景下，如果想要了解与生物技术息息相关的重要贡献与重大成就，如果试图揭示影响世界和人类未来的重要科学发明，像 DNA 存储技术、新冠病毒等多种病原体的核酸检测、癌症的基因治疗、X 射线衍射技术、胆固醇作用机制、药物小分子的研发等等，都离不开世界最负盛名的诺贝尔奖获得者的贡献与成就。

 问一问 1.3

诺贝尔生理或医学奖的首位华人提名者是谁，有什么重要贡献？

1.2 生物技术的进步

诺贝尔生理学或医学奖主要面向生理学、遗传学、生物化学、免疫学及分子生物学等领域，据 1901—2017 年期间的统计，获奖者最多的国家排名前 5 位是美国、英国、德国、法国和瑞典，获奖者最多的院校排名前 5 位的为哈佛大学、剑桥大学、哥伦比亚大学、约翰霍普金斯大学以及加利福尼亚大学。

回溯历史，不同时代背景下，诺贝尔生理学或医学奖青睐的研究领域不同。传统生理学领域的研究在 20 世纪 30 年代期间频繁获奖，而后获奖频率逐渐下降；相反，分子水平的生物学研究在 20 世纪 50 年代崛起，生理学或医学奖越来越多颁发给分子生物学相关的技术进步。

1.2.1 中心法则的逐步确立

生物学领域广博宏大，研究领域各异。经典的生理学研究最后一次获奖是在 1963 年，约翰·卡鲁·埃克尔斯爵士（Sir John Carew Eccles）、艾伦·劳埃德·霍奇金爵士（Sir Alan Lloyd Hodgkin）和安德鲁·赫胥黎爵士（Sir Andrew Fielding Huxley），因"发现神经细胞膜外周与中心部位和神经兴奋与抑制有关的离子机制"而获奖。

从 20 世纪 30 年代到 70 年代，人类对遗传变异过程与生物分子结构的认识不断加深，使得生物学研究进入分子生物学的时代。诺贝尔奖的授予更多体现在生物化学、生物物理学的重大发现和生物新技术、疾病新疗法等方面。这与人类认识自然规律的进步息息相关，与生物界三件具有划时代意义的大事密不可分。

第一件大事是基因与染色体关系的发现。

1933 年，美国科学家托马斯·亨特·摩尔根（Thomas Hunt Morgan）因"发现遗传中染色体所起的作用"而获得诺贝尔生理学或医学奖。他在对黑腹果蝇遗传突变的研究中，确认了染色体是基因的载体，还发现了遗传连锁定律，找出多个突变基因在染色体上的分布位置并制成染色体图谱，即基因的连锁图。

摩尔根继承和发展了奥地利遗传学家格雷戈尔·孟德尔以豌豆杂交实验为基础的遗传理论，同时借助物理学、化学等领域的新的实验手段，为生物学发展和实验科学奠定了基础，不愧为"现代遗传学之父"。

第二件大事是 DNA（脱氧核糖核酸）双螺旋结构（图 1.3）的解析。

图 1.3 DNA 的双螺旋结构

1962 年，弗朗西斯·哈利·康普顿·克里克（Francis Harry Compton Crick）、詹姆斯·杜威·沃森（James Dewey Watson）、莫里斯·休·弗雷德里克·威尔金斯（Maurice Hugh Frederick Wilkins）三人共享了诺贝尔生理学或医学奖。他们为揭开生命遗传的奥秘做出了杰出的贡献，诺贝尔奖委员会给出的获奖理由是"发现核酸的分子结构及其对生物中信息传递的重要性"。

英国女科学家罗莎琳德·埃尔西·富兰克林（Rosalind Elsie Franklin）在这项重大发现中起到了关键的作用。她关于 A 型和 B 型 DNA 结构的研究结果，是建构双螺旋结构的必要线索。

DNA 双螺旋模型的提出是二十世纪科学界最大的突破之一，使人类对生命科学的研究从宏观水平过渡到分子层面，推动了随后半个多世纪生命科学的迅猛发展，是现代生命科学研究的重要基础。

第三件大事当属破译遗传密码和发现蛋白质合成机理。

1968 年的诺贝尔生理学或医学奖颁给了"破解遗传密码并阐释其在蛋白质合成中的作用"的三位美国科学家，罗伯特·威廉·霍利（Robert William Holley）、哈尔·葛宾·科拉纳（Har Gobind Khorana）和马歇尔·沃伦·尼伦伯格（Marshall Warren Nirenberg）。他们的研究完全破译了遗传密码，补齐了中心法则的重要拼图。

生物界这三件具有划时代意义的大事推动了分子生物学著名的中心法则（central dogma）的诞生。

1958 年，克里克通过大量研究，提出了中心法则的雏形来阐明遗传信息的传递，指出遗传信息的流向为 DNA → RNA → 蛋白质。克里克首先提出的是生物信息只能由 DNA 传至 RNA，再由 RNA 传至蛋白质，但不能从蛋白质传至核酸。然而 1965 年，科学家在 RNA 病毒里发现了一种 RNA 复制酶，从此知道某些 RNA 也能自我复制。1970 年，科学家又在致癌的 RNA 病毒中发现逆转录酶，在逆转录酶的作用下，还可以以 RNA 为模板进行 DNA 的合成。这些新的发现补充了中心法则（图 1.4）。

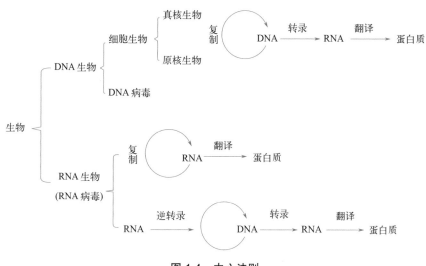

图 1.4　中心法则

中心法则最初的提出代表着信息传递的一种自上而下的思路，即遗传信息像水流一样从最高点 DNA 传递到 RNA 最后传递到最低点蛋白质。然而，随着研究的不断深入，逆转录过程的发现就说明了遗传信息也可以从 RNA 传递到 DNA，甚至 DNA 的转录激活也需要特定

RNA 和蛋白质作为细胞信号。细胞中各种物质的信息传递并不是单向的,而是纵横交错的网络结构。

总而言之,中心法则的确立体现了生命体中最重要、最广泛的遗传信息传递通路。这一时期多位诺贝尔奖得主的研究工作可谓承上启下,把生物学从宏观的古典时代推向微观的生命科学新时代,从传统生理学、遗传学的研究推向分子生物学、分子遗传学的研究,将科学认知带入了新的维度,把生物技术水平推向了新的高峰。

 知识框 1.1　DNA 的三种状态

> 生物体天然 DNA 有 A、B、Z 三种构象。沃森和克里克描述的 B 型 DNA 在细胞中占主导地位。A-DNA 和 Z-DNA 的几何形状和尺寸与 B-DNA 显著不同。A 构象几乎主要出现在结晶学实验中 DNA 的脱水样品中,在 DNA 和 RNA 的杂交分子链中,DNA 可能也呈 A 构象。细胞中被甲基化的 DNA 片段则可采用 Z 型几何结构,便于进行基因的调节。Z 构象的 DNA 链绕着螺旋轴的转向与 A-DNA 和 B-DNA 相反。有证据表明蛋白质和 DNA 复合物容易形成 Z 构象。

1.2.2　诺贝尔奖与生命科学发展

生物学的众多研究领域百花齐放,历史上经典的生理学、遗传学研究领域的获奖者最多。近现代的颁奖更多集中在生物化学、分子生物学、癌症科学、神经科学、生物工程学等研究领域。

作为生物学的一大主题,针对疾病的免疫学研究以及与之联系密切的药物研究常是诺贝尔生理学或医学奖的热门,图 1.5 和 1.6 分别为二者相关的诺奖成果进展。1972 年颁发给杰拉尔德·埃德尔曼(Gerald Edelman)及罗德尼·罗伯特·波特(Rodney Robert Porter),表彰其"发现抗体化学结构";1977 年由开发"肽类激素的放射免疫分析法"的罗莎琳·雅洛(Rosalyn S. Yalow)获得;1980 年颁给发现"调节免疫反应的细胞表面受体的遗传结构"即组织抗原结构的巴茹·贝纳塞拉夫(Baruj Benacerraf)、乔治·斯内尔(George Davis Snell)及让·多塞(Jean Dausset);1984 年由发展出单株抗体的尼尔斯·卡伊·杰尼(Niels K. Jerne)、乔治斯·克勒(Georges J. F. Köhler)及色萨·米尔斯坦(César Milstein)获得,他们"提出了关于免疫系统的发育和控制特异性的理论,并发现单克隆抗体产生的原理";1987 年颁给利根川进(Tonegawa Susumu)以表彰其"发现抗体多样性产生的遗传学原理";1996 年则由"发现 T 细胞介导的免疫防御特性"的彼得·杜赫提(Peter C. Doherty)及罗夫·马丁·辛克纳吉(Rolf M. Zinkernagel)获得。

青蒿素和双氢青蒿素的发现者中国科学家屠呦呦(Tu Youyou)因"发现治疗疟疾的新疗法",与"发现治疗线虫寄生虫的新疗法"的大村智(Satoshi Ōmura)和威廉·塞西尔·坎贝尔(William C. Campbell)共享了 2015 年诺贝尔生理学或医学奖。委员会认为,"三人发展出针对一些最具毁灭性的寄生虫疾病具有革命性作用的疗法"。

屠呦呦是亚洲第二位及首位华人女性自然科学类诺贝尔奖得主,也是首位接受中国高等教育且在中国进行研究工作而获得自然科学类诺贝尔奖得主。她出生于 1930 年,多年从事中药和中西药结合研究并取得显著成绩。她的名字出自《诗经》"呦呦鹿鸣,食野之蒿"。宋代朱熹注称,"蒿即青蒿也"。她从中医古籍里得到启发,通过对提取方法的改进,首先发现中

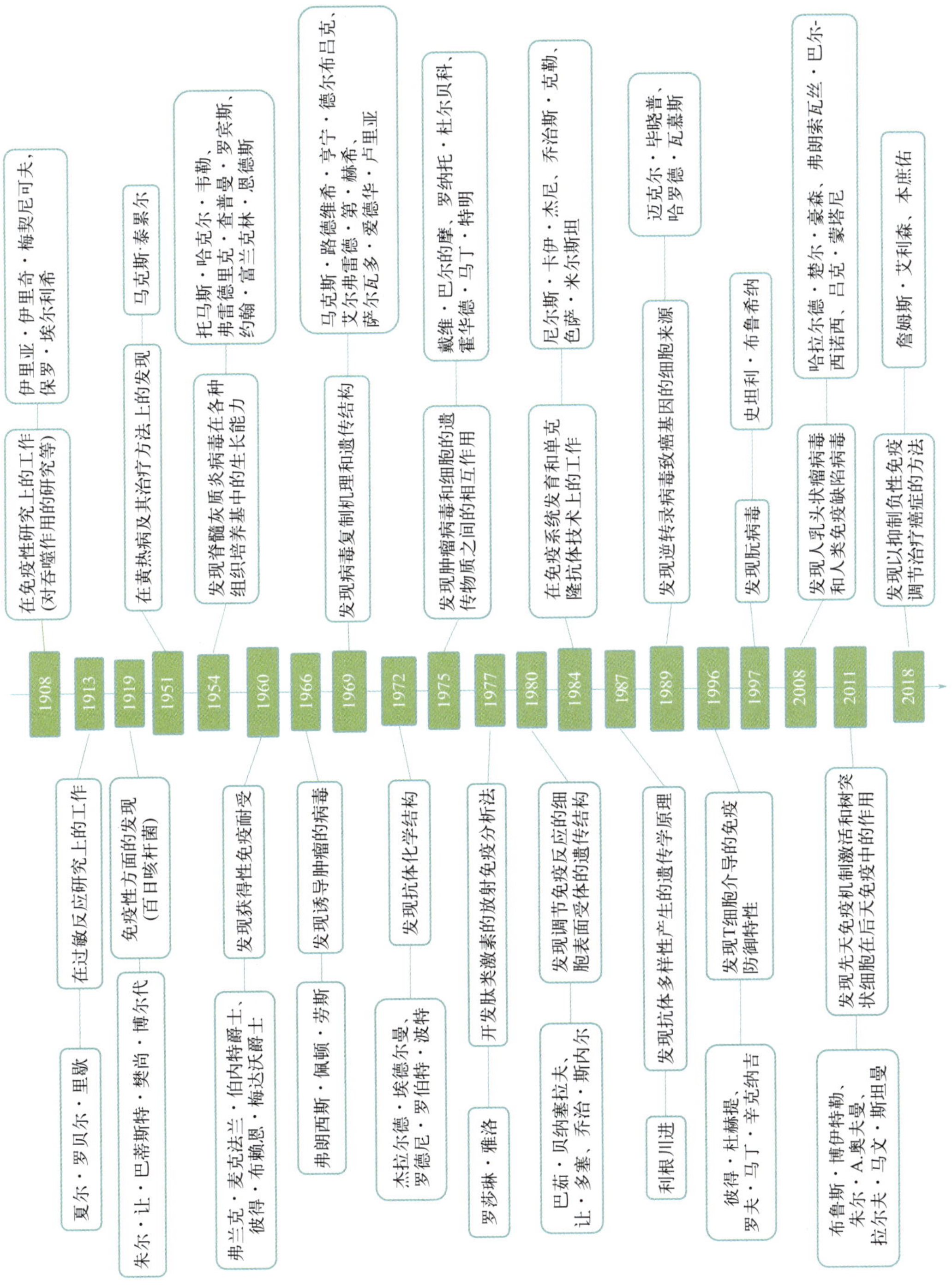

图 1.5 疾病研究相关的诺奖成果进展

年份	成果	获奖人
1908	在免疫性研究上的工作（对吞噬作用的研究等）	伊里亚·伊里奇·梅契尼可夫，保罗·埃尔利希
1913	在过敏反应研究上的工作	夏尔·罗贝尔·里歇
1919	免疫性方面的发现（百日咳杆菌）	朱尔·让·巴蒂斯特·樊尚·博尔代
1951	在黄热病及其治疗方法上的发现	马克斯·泰累尔
1954	发现脊髓灰质炎病毒在各种组织培养基中的生长能力	弗兰克·麦克法兰·伯内特爵士，彼得·布赖恩·梅达沃爵士
1960	发现获得性免疫耐受	托马斯·哈克尔·韦勒，弗雷德里克·查普曼·罗宾斯，约翰·富兰克林·恩德斯
1966	发现诱导肿瘤的病毒	弗朗西斯·佩顿·劳斯
1969	发现病毒复制机理和遗传结构	马克斯·路德维希·亨宁·德尔布吕克，艾尔弗雷德·赫希，萨尔瓦多·爱德华·卢里亚
1972	发现抗体化学结构	杰拉尔德·埃德尔曼，罗德尼·罗伯特·波特
1975	发现肿瘤病毒和病毒细胞的遗传物质之间的相互作用	戴维·巴尔的摩，罗纳托·杜尔贝科，霍华德·马丁·特明
1977	开发肽类激素的放射免疫分析法	罗莎琳·雅洛
1980	在免疫系统发育和单克隆抗体技术上的工作	尼尔斯·卡伊·杰尼，乔治斯·克勒，色萨·米尔斯坦
1984	发现调节免疫反应的细胞表面受体的遗传学结构	巴茹·贝纳塞拉夫，让·多塞，乔治·斯内尔
1987	发现抗体多样性产生的遗传学原理	利根川进
1989	发现逆转录病毒致癌基因的细胞来源	迈克尔·毕晓普，哈罗德·瓦慕斯
1996	发现T细胞介导的免疫防御特性	彼得·杜赫提，马丁·奥夫·辛克纳吉
1997	发现朊病毒	史坦利·布鲁希纳
2008	发现人乳头状瘤病毒和人类免疫缺陷病毒	哈拉尔德·楚尔·豪森，弗朗索瓦丝·巴尔-西诺西，吕克·蒙塔尼
2011	发现先天免疫机制激活和树突状细胞在后天免疫中的作用	布鲁斯·博伊特勒，朱尔·A.奥夫曼，拉尔夫·马文·斯坦曼
2018	发现以抑制负性免疫调节治疗癌症的方法	詹姆斯·艾利森，本庶佑

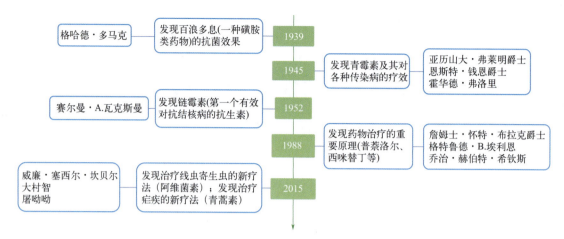

图 1.6　免疫学相关的药物研究诺奖成果进展

药黄花蒿的提取物有高效抑制疟原虫的成分,她的发现在抗疟疾新药青蒿素的开发过程中起到关键性的作用,在全球范围内挽救了数百万人的生命。

2020 年,席卷全球的"新型冠状病毒"在世界范围内大规模流行,极大地影响了全球约 80 亿人口的健康与生活方式,同时也对世界各国在政治、经济、社会多方面都造成了巨大和深远的影响。

事实上,病毒导致的疾病以及治疗,可以追溯到公元前 2 世纪至公元前 3 世纪关于天花的记录;还有通过接种疫苗治疗天花的记载。人类与病毒对抗的历史由来已久,但对病毒的确切认识则在 19 世纪末。人类研究病毒的历史如图 1.7 所示。

19 世纪后期,马丁努斯·贝杰林克博士关注到一种阻碍烟草正常生长的枯萎病。作为一位微生物学家,在研究这种植物疾病的过程中,贝杰林克发现了一种比细菌更小的、具有感染性的生命形式,他将其命名为病毒(virus)。贝杰林克认为它是以液体形式存在的流质,但实际上病毒是颗粒状的。1935 年,美国生物化学家和病毒学家温德尔·梅雷迪思·斯坦利(Wendell Meredith Stanley)发现烟草花叶病毒大部分是由蛋白质所组成的。他成功地将病毒分离为蛋白质部分和 RNA 部分并获取了病毒结晶体,因而获得 1946 年诺贝尔化学奖。

1955 年,通过分析烟草花叶病毒的 X 射线衍射照片,罗莎琳德·爱尔西·富兰克林(Rosalind Elsie Franklin)揭示了病毒的整体结构。病毒的发现与结构的认定,标志着人类对生命的认识进入新纪元,拓展了人类对生物界的认识,生物分类单位"界"中,又增加了"病毒界"。

1965 年,三位来自法国的科学家因"在酶和病毒合成的遗传控制中的发现"分享了当年的诺贝尔生理学或医学奖。弗朗索瓦·雅各布(François Jacob)和雅克·吕西安·莫诺(Jacques Lucien Monod)提出了重要的乳糖操纵子模型,莫诺还预测了 mRNA 是基因和基因产物的信息中介。安德列·米歇·利沃夫(André Michel Lwoff)则研究了病毒感染细菌的基因调控方式。

在医学研究领域,许多由病毒引起的疾病陆续被确定和发现,打开了人类认识疾病的新视界,各种治疗手段也日新月异,很多流行几个世纪的传染病陆续被消灭。同时,由于病毒的结构简单,方便携带基因等优点,各类"灭活病毒"不仅失去了感染能力,反而成为分子生物学、遗传与基因工程、免疫医学研究领域的新宠。

1.2.3　诺贝尔奖与生物技术进步

诺贝尔奖对于研究内容的原创性要求极高,因技术手段的进步而获诺贝尔奖十分引人注目。比如保罗·克里斯琴·劳特伯(Paul·C. Lauterbur)和英国的皮特·曼斯菲尔德(Peter

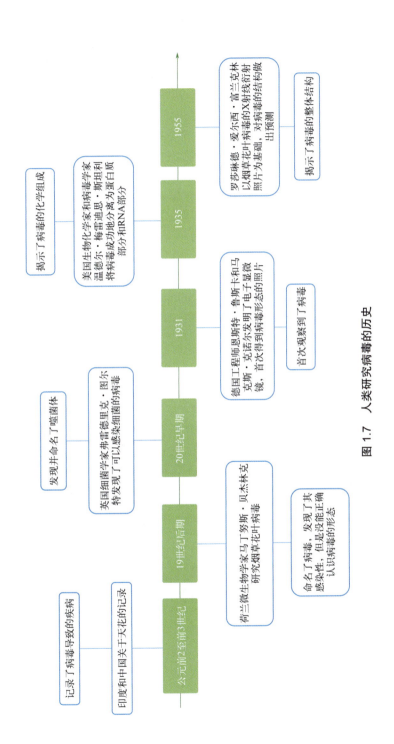

图 1.7 人类研究病毒的历史

Mansfield）因发明了核磁共振成像技术而获得了 2003 年诺贝尔生理学或医学奖。

核磁共振成像（MRI）技术是一种能精确观察人体内部器官而又不造成伤害的影像技术，对于医疗诊断、治疗及检查至关重要。相比于 X 射线计算机断层扫描（CT）技术，核磁共振成像能提供更多细节，可以帮助医生发现许多不易察觉的病变，比如判断是否椎间盘突出、关节中的韧带、半月板是否有损伤、断裂。已被广泛地应用到物理、化学、生物学等领域的核磁共振波谱仪（NMR Spectrometer）可以观测到分子的微观结构、分子运动并鉴定蛋白质的结构和功能等，就像一个超大倍数的放大镜，帮助我们在微观的分子世界里一窥究竟。

现代器官移植技术的先驱亚历克西·卡雷尔（Alexis Carrel），主要成就是血管缝合技术和活体组织的体外培养，获 1912 年诺贝尔生理学或医学奖。他曾向巴黎最好的裁缝学习，后来发明了血管的"三线缝合法"，能解决出血及血栓等问题。近八十年后，美国医生爱德华·唐纳尔·托马斯（Edward Donnall Thomas）与约瑟夫·默里（Joseph Murray）一起由于在人体器官和细胞移植的研究贡献而获得 1990 年诺贝尔生理学或医学奖。他们解决了器官移植中的接受者与供体间免疫排斥难题，于 1969 年成功进行了异体间的骨髓移植，并将骨髓移植技术广泛用于治疗白血病、再生障碍性贫血等。

有一类在分子生物学、基因工程领域广泛使用的工具，就是被称为"分子剪刀"的蛋白质——限制性内切酶。1978 年，沃纳·亚伯（Werner Arber）、丹尼尔·那森斯（Daniel Nathans）和汉弥尔顿·奥塞内尔·史密斯（Hamilton Othanel Smith）因"发现限制性内切酶及其在分子遗传学方面的应用"获得诺贝尔生理学或医学奖。

知识框 1.2　限制性内切酶

限制性内切酶全称"限制性内切核酸酶"，简称内切酶，是一种能将双股 DNA 分子切开的酶。最早发现于大肠杆菌内，能够"限制"噬菌体的感染，因此得名。科学家认为限制性内切酶是细菌为对抗病毒等感染而演化出来将已植入的病毒序列移除的酶。此酶最早的应用之一是将胰岛素基因克隆到大肠杆菌，使其具备生产人类胰岛素的能力。

限制性内切酶的命名是根据细菌种类而定，以 *Eco*R I 酶为例：E 代表 *Escherichia*（属），co 代表 *coli*（种），R 代表 RY13（品系），I 代表是首次发现（第一次）。

限制性内切酶的切割方法是将 DNA 上的糖类分子与磷酸之间的化学键切断，进而在 DNA 的两条链上各产生一个切口，但不会破坏核苷酸与碱基。切口有两种，分别是有突出单股 DNA 的黏性末端，和末端平整无凸起的平末端，如图 1.8 所示。切开的 DNA 片段又可经由另一种蛋白质"DNA 连接酶"黏合起来。这样，不同的 DNA 片段，可以经由剪切和连接作用而结合在一起，这就是在分子生物学与遗传工程领域广泛应用的一种基本的 DNA 重组技术。

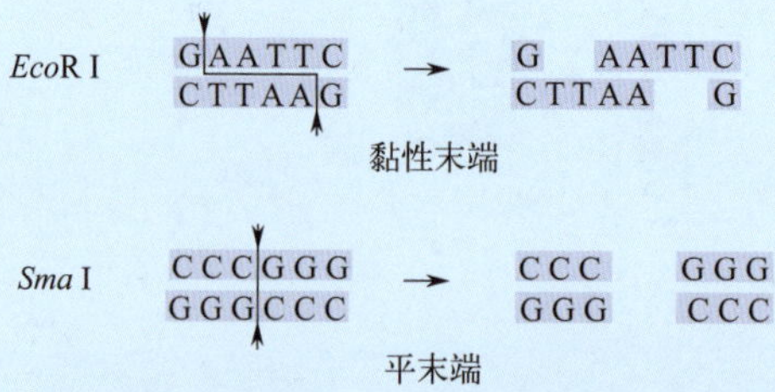

图 1.8　限制性内切酶切割 DNA 形成黏性末端和平末端

随着生物学的研究对象越来越集中在分子水平，化学与生物学二者的传统边界被打破。我们会发现，诺贝尔化学奖愈来愈关注生物学领域的进步。生物体内的新陈代谢、基因调控、分子生物学等现象都是生物化学的过程，许多关于生物大分子如核酸、蛋白质、多糖和脂质的结构和活性的研究既涉及化学原理，也与生物学问题紧密相关。

分子生物学在新时代的进步与先进的实验技术、巧妙的操作手段密不可分。许多和生物技术进步密切相关的科学研究都获得了诺贝尔化学奖的表彰。如酶的发现、DNA 重组技术的发明、DNA 测序技术的发明、泛素介导的蛋白酶降解现象的发现、绿色荧光蛋白的发现和改造等。

早在 20 世纪初，德国化学家爱德华·比希纳（Eduard Buchner）通过对不含细胞的酵母提取液进行发酵研究，在柏林洪堡大学所做的一系列实验最终证明发酵过程并不需要完整的活细胞存在。他将其中能够发挥发酵作用的酶命名为"发酵酶"。这一贡献打开了通向现代酶学与现代生物化学的大门，他本人也因"生物化学研究与无细胞发酵"获得了 1907 年的诺贝尔化学奖。

DNA 重组技术的开拓者和创始人，美国生物化学家保罗·伯格（Paul Berg）借助类似工程设计的方法，利用限制性内切酶和 DNA 连接酶处理 SV40 病毒和大肠杆菌 DNA 碎片，最终两个不同来源的 DNA 片段连接在一起并发挥其应有的生物学功能。

这是世界上首次完成的基因重组和人工转移 DNA 的重大创新研究，证明了完全可以在体外进行基因操作，从而为人类主动改变生物的性状和功能，创造更加适合于人类需要的新生物提供了重要方法，开创了遗传工程的新纪元。而伯格也凭他"对核酸的生物化学研究，特别是对重组 DNA 的研究"获得 1980 年的诺贝尔化学奖。

同年获奖的沃特·吉尔伯特（Walter Gilbert）和弗雷德里克·桑格（Frederick Sanger）的获奖理由是发展了"确定核酸中 DNA 碱基序列的方法"，他们对今天科学家们广泛使用的 DNA 测序技术的发展做出了开创性的重要贡献。

2018 年，美国女科学家弗朗西丝·阿诺德（Frances H. Arnold）因"设计了酶的定向进化"研究登上了诺贝尔化学奖的领奖台，也让她成为该类奖项的第五位女性获奖者。以蛋白质的定向进化为代表的蛋白质工程无疑是大自然的规律和人类的智慧的巧妙结合，不仅发展出为改善人类健康带来无限可能性的新型功能强大的酶和抗体，也开启了我们对蛋白质分子的结构和功能更深的了解。

2018 年诺贝尔化学奖的另外两位获奖者也是生物技术方面的先驱。他们是来自英国的格雷戈里·保罗·温特爵士（Sir Gregory Paul Winter）和来自美国的乔治·皮尔森·史密斯（George Pearson Smith），他们"研制出肽和抗体的噬菌体展示技术"。温特爵士发明了拟人化和全拟人化噬菌体展示技术，以及用于治疗的抗体相关技术；史密斯是利用噬菌体展示技术进行了癌症的分子成像。

在这个生命科学和生物技术突飞猛进的时代，人类对生命本质的理解发生了深刻的改变，人类健康水平也得到了前所未有的提高。生物技术的开发和广泛应用在医药健康、智慧农业、绿色工业、材料环保等众多领域极大地推动了人类社会进步。纵观一百二十多年来的诺贝尔奖，不难看出生物技术的发展历程对于世界科学技术和全球社会经济的深远影响。现代生物技术进步成果如图 1.9 所示。

 问一问 1.4

两次获得诺贝尔化学奖的生物领域科学家是谁，分别做出了什么贡献？

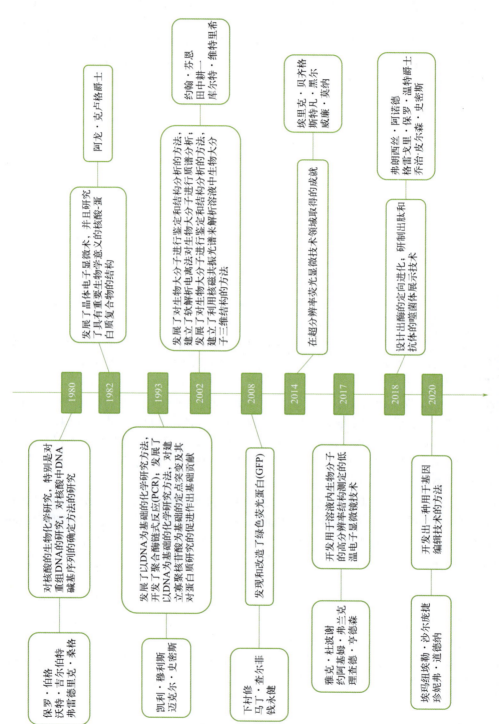

图 1.9 现代生物技术进步成果

1.3 生物经济与全球政策

1.3.1 华人科学家与其他重要奖项

现代生物技术的发展不仅获得科学领域的广泛关注和人类社会的高度认同，也为今天万亿美元的全球生物经济贡献了巨大力量。生物技术创新和生物经济增长正推动新一代的工业技术浪潮，为人类创造新的产品和新的服务。

除了诺贝尔奖项，世界许多机构为了深化生命科学基础研究，凝聚优秀人才队伍，鼓励科研人员自主创新，纷纷设立奖项以表彰生物技术领域的优秀个人及团队。

 问一问 1.5

拉斯克医学奖的地位如何，曾颁发给了哪些著名科学家？

拉斯克医学奖（Lasker Medical Research Awards）是生理学和医学领域一项顶级大奖，1946 年由位于纽约的阿尔伯特·玛丽·拉斯克基金会设立，旨在表彰生理学和医学领域做出突出贡献的科学家、医生和公共服务人员。该奖项素有"诺贝尔奖风向标"之称，是仅次于诺贝尔奖的奖项，也是世界生物医学研究进展的一部编年史。2011 年之后拉斯克医学奖每项奖金为 25 万美元。

国际医学界知名的遗传学专家简悦威是细胞特异性基因转移研究的创始人，是 1991 年拉斯克医学奖得主，也是当年全球唯一的得奖人。他发现地中海贫血症源于基因缺失，独创性地发明了通过抽羊水为胎儿进行产前诊断的 DNA 检测技术。后来他又发现了基因的多态性，使科学家几乎可以追踪所有的遗传病，现代法医学因此诞生，人类庞大的基因组研究计划亦得以开展。

邵逸夫奖（The Shaw Prize）是由中国娱乐业大亨、慈善家邵逸夫先生于 2002 年创立的国际性奖项，设有数学奖、天文学奖、生命科学与医学奖共三个奖项。其评选原则考虑候选人的专业贡献能推动社会进步、提高人类生活质量、丰富人类精神文明。每年在全世界范围选取这三方面最有成就的科学家，每奖项包括奖金 120 万美元、一面奖牌及一张证书。也被称为"东方的诺贝尔奖"。

前文所述的简悦威便是 2004 年首届邵逸夫生命科学与医学奖的获奖人。华裔分子生物学家王晓东，因发现了细胞按程序凋亡的生物化学基础，成为 2006 年邵逸夫生命科学与医学奖得主。凋亡是细胞的自毁装置，细胞按程序凋亡是生命体平衡生存与死亡，防止细胞癌变的关键步骤。很多癌症就是因细胞的凋亡程序无法正常启动，导致细胞数目越来越多、过度增殖造成的。2000 年，王晓东教授团队研究发现一种神秘的线粒体蛋白质 Smac，可以打破肿瘤的"坚硬堡垒"，诱使肿瘤细胞"自杀"，对治疗癌症有重要帮助。

阿尔巴尼生物医学奖全称是阿尔巴尼医学中心医学和生物医学研究奖 (Albany Medical Center Prize in Medicine and Biomedical Research)，是金额仅次于诺贝尔奖的美国生物医学最高奖项，由纽约州阿尔巴尼医学中心设立，旨在"鼓励和表彰对提高人类健康和促进开创性生物医学研究的非凡且持久的贡献"。该奖由已故希尔威曼先生于 2000 年设立，自 2001 年来每年授予一次，由希尔威曼基金会提供 50 万美元的奖金，是全球生物医学领域最具影响力的奖项之一。该奖项的评选与诺贝尔生理学或医学奖明显不同。首先，该奖项奖励临床医生和研究组，而不仅仅是生物医学科学家；其次，该奖项的提名过程不保密，任何人都可以直接向评奖委员会提名候选人。

2015 年，阿尔巴尼生物医学奖授予北京大学生物动态光学成像中心谢晓亮教授与斯坦福大学教授卡尔·迪赛罗斯（Karl Deisseroth），以表彰两位杰出学者在光遗传学和单分子生物学方面的技术创新及其在医学上的重要应用。谢晓亮教授是该奖首位华人得主。

美籍华裔科学家张锋、法国科学家埃马纽埃尔·卡彭蒂耶、美国科学家珍妮弗·杜德纳三人凭借"对 CRISPR-Cas9 相关领域做出了基础与补充性工作"在 2017 年斩获了阿尔巴尼生物医学奖。同年，张锋也成为阿尔巴尼生物医学奖的第二名华人得主。

科学突破奖（Breakthrough Prize）是一项全球性的科学奖项，2012 年设立，现由谷歌联合创始人谢尔盖·布林，脸书联合创始人马克·扎克伯格夫妇，腾讯公司联合创始人马化腾与尤里·米尔纳夫妇，以及基因技术公司 23andMe 联合创始人安妮·沃西基等知名实业家赞助，素有"科学界的奥斯卡"之称。初衷是汇聚世界最顶尖的科学家，举办像好莱坞明星走红毯的科学盛典，达到庆祝科学成就的目的。单项奖金高达 300 万美元，颁发给生命科学、基础物理和数学领域。

两位华裔科学家，哈佛大学的庄小威和得克萨斯大学西南医学中心的陈志坚与其他三位科学家喜摘 2019 年生命科学突破奖的桂冠。庄小威开发的超分辨率成像技术（STORM）突破了光学显微技术的分辨率界限，揭示细胞中隐藏的精密结构，比如在大脑神经元中的周期性膜骨架。陈志坚通过发现感知 DNA 的 cGAS 酶，揭示了 DNA 在细胞内部触发免疫和自身免疫反应的机制，用来治疗癌症，并防止类似关节炎和系统性红斑狼疮等自身免疫疾病的产生。

这些如群星般璀璨的杰出科学家们，求索真理、孜孜进发、创造革新、持之以恒，他们自身和他们的科研成果，都为人类科学文明和人文精神带来了难以估量的巨大财富。

 诺奖小故事 1.2

> 2014 年，美国科学家埃里克·白兹格（Eric Betzig）与威廉姆·莫尔纳尔（William Moerner）以及德国科学家斯特凡·赫尔（Stefan Hell）共同被授予诺贝尔化学奖，以表彰他们所发明的超分辨荧光显微镜；而华人女科学家庄小威却与诺奖失之交臂，令很多人惋惜。但是每项诺贝尔奖奖金最多只能由三名得主分享，庄小威不得不需要与三位进行比较。庄小威的 STORM 和贝齐格的光敏定位显微技术（PALM）理论基础是一样的，实现时间也并不分早晚，关键在于贝齐格于 1995 年就提出了理论设想。虽然理论比较粗糙，但贝齐格最终还是依据自己的理论实现了 PALM。既有时间更早的理论又能实现，贝齐格更胜一筹。今天，纳米显微技术已被世界广泛采用，源源不断地产生新的发现，造福着人类。

1.3.2 中国生物经济与政策规划

人类利用生物技术历史久远，自古以来，生物技术产品一直作为重要的商品，与国民经济密不可分。但是作为与农业经济、工业经济、信息经济相对应的新时代经济形态，"生物经济"在全球仍是一个比较新的概念，在 2000 年才被《经济展望》杂志正式提出。从全球范围来讲，对"生物经济"的理解因角度不同而略有差异。在 2020 年，《护航生物经济》

（*Safeguarding the Bioeconomy*）报告对"生物经济"的定义为"由生命科学和生物技术的研究和创新驱动的经济活动，是由工程学、计算科学和信息科学领域的技术进步推动的"。

生物技术是中国发展最快、与国外差距最小的领域之一，中国的生物经济依托14亿人口的保健食品需求和20亿亩耕地的市场规模优势，发展迅速，在21世纪初的20年里发生了飞跃。

科技部2007年提出了生物经济"三步走"战略与推进生物经济发展的十大科技行动：第一步是到2010年，形成5000亿~8000亿元人民币规模的生物技术产业，为应对金融危机等做出新贡献；第二步是产业崛起阶段，到2015年生物产业总产值力争达到16000亿元人民币；第三步是持续发展阶段，到2020年生物产业总产值达到2万亿~3万亿元人民币，形成国民经济新的支柱产业。事实上，在2017年中国的生物产业生产总值已达4万亿元人民币，2020年更是增长至8万亿元人民币规模，提前超额完成了预期目标。

中国生物技术的发展与得天独厚的自然条件密不可分。中国是世界生物资源、生物多样性最丰富的国家之一。《中国生物物种名录2020版》指出：中国统计有54359个动物物种，37793个植物物种，12506个真菌物种以及细菌、病毒等物种。中国建立了全球保有量最大的农作物种质资源库，收集农作物种质资源32万份。市场的规模庞大，加之自然条件优厚，中国自然成为了世界上最大的生物技术产品消费市场之一。

顺应全球生物技术革命浪潮，我国明确提出实施"生物产业倍增计划"和"健康中国行动计划"，把生物产业作为六个战略性新兴产业之一，将生物经济加速打造成为继数字经济后又一重要的经济形态。国内多省（自治区、直辖市）也将生物经济作为未来发展的重点，推动经济转型升级和高质量发展。

2022年5月，国家发展改革委发布《"十四五"生物经济发展规划》（以下简称《规划》），这是中国首部生物经济的五年规划，明确了生物经济发展的具体任务。明确五大重点发展任务，分别为大力夯实生物经济创新基础、培育壮大生物经济支柱产业、积极推进生物资源保护利用、加快建设生物安全保障体系、努力优化生物领域政策环境。《规划》提出发展生物医药、生物农业、生物质替代、生物安全四大重点领域，以及生物医药技术惠民、现代种业提升等七项重大建设工程，力争夺得新时代生物技术与生物经济的新高地。

新冠疫情全球肆虐，个人健康管理与慢性病防治逐渐引起人们的重视，中国经济迎来哪些新的增长点，健康产业将如何发展，医工融合创新如何促进行业高质量发展都将成为关注焦点。生物技术在医疗健康领域的进步，对基因改造的探索，基因编辑技术的成熟，将使治疗系统性疾病成为现实。解决DNA水平缺陷，重新排列氨基酸，改写基因组，代表了最前沿、最具颠覆性的科学进步，生物技术拥有无比光明的未来！

1.3.3 国际生物经济与政策规划

生命科学与生物技术对经济社会的革命性影响备受关注，许多国家和国际组织提出了生物经济发展战略及政策。2003年，随着人类基因组序列图谱宣告完成，一张完整的生命之图日渐清晰，生物技术催生的生物经济浪潮，有望成为继农业、工业、信息化浪潮之后，第四股推动人类文明进步的力量。

欧美国家生物经济发展早，相关政策可以追溯至十余年前。全球生物技术产业市场以美国为主，欧盟其次，日本紧追在后。2000年12月美国政府就提出了《促进生物经济革命：基于生物的产品和生物能源》战略性计划。2012年4月白宫发布《国家生物经济蓝图》，罗列5项战略使命：加大生物学领域研究和开发的资金支持力度；促进生物学相关成果从实验室到市场的转化；发展和修改现有条例以减少生物经济发展的障碍；更新培训机制，促进相关学术研究机构结盟；抓住机遇，促进公私部门的伙伴关系和竞争关系的良性发展。美国作为世界生物技术强国，2016年产生了将近9600亿美元的生物经济活动资金，约占美国GDP的5%。

2022年，美国国家安全委员会联合学术界、工业界及政界一众利益相关团队发布了《美国生物经济：为灵活和竞争性的未来规划路线》报告，提出：美国政府应当确立一项为期5年的生物生产科学倡议，提供6亿美元资金支持，以保持其生物科学领域的全球领导者地位并扩大生物产能；建立广泛、灵活的生物生产基础设施，以公平、战略性的方式扩大国内生物生产能力；为维持全球竞争力，以将成功规模化生产新产品所需时间从几年缩短至几个月为目标，建立并保持创造性的公私合作伙伴关系。

欧盟早在2005年就发表了《基于知识的生物经济新视角》报告；2007年提出《迈向基于知识的生物经济》战略报告；2010年9月发布《基于知识的欧洲生物经济：成就与挑战》战略报告。2012年2月，欧盟委员会发布《为可持续增长创新：欧洲生物经济》战略，旨在促使欧盟经济向更多使用可持续的可再生资源的经济形态转变，提出增加在与生物经济相关的研究、创新及技能方面的投资；采取改善生产程序、将生物废弃物转变成为高附加值产品以及提高生产效率和能源使用效率等措施，开发生物经济领域的市场和增强生物经济领域的竞争；通过建立生物经济委员会、生物经济科研机构和定期召开利益相关者会议等方式来加强政策协调和鼓励利益相关者参与。

2020年12月，WifOR经济研究所受欧洲生物技术工业协会（EuropaBio）委托，发布了题为《衡量欧洲生物技术产业的经济足迹》的报告，报告从总增加值效应、劳动生产率、就业效应、贸易、研发影响五个方面论述了欧盟生物产业的发展情况，指出：2018年欧盟生物技术产业对GDP贡献总额为787亿欧元，生物技术产业贸易顺差约为223亿欧元。2008—2018年生物技术产业的平均就业增长率为2.6%，而欧盟平均就业增长率仅为0.2%，表明工业生物技术产业已经是欧洲创新的核心支柱，并将成为向更可持续和更具竞争力的循环生物经济过渡的关键推动力。

世界各地生物经济相关政策文件如图1.10所示。

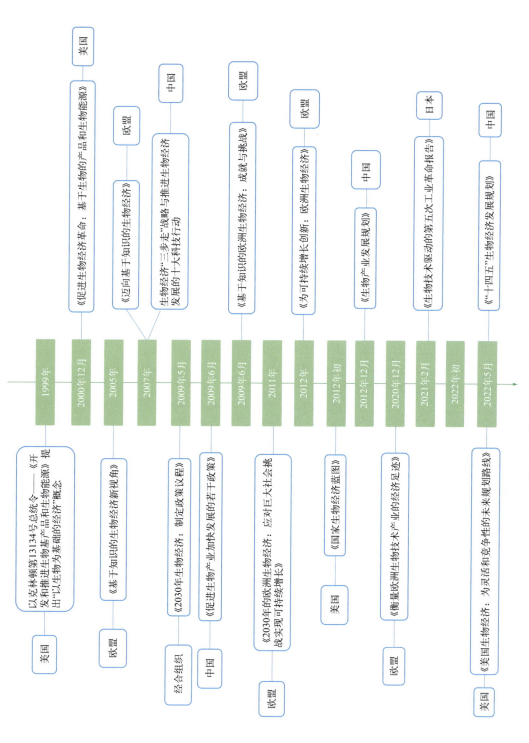

图 1.10 世界各地生物经济相关政策文件

参考文献

[1] https://www.nobelprize.org.

[2] George B K, Laurie M K. The road to Stockholm. Nobel prizes, science, and scientists, By István Hargittai. Angewandte Chemie International Edition, 2003, 42(35): 4125-4126.

[3] Nicholls M. Alfred Nobel founder of Nobel Prize: Mark Nicholls profiles the life and work of Alfred Nobel and the background to the establishment of the coveted Nobel Prize. European Heart Journal, 2019, 40(17): 1315-1317.

[4] Tol R S J. The Nobel family. Scientometrics, 2024, 129: 1329-1346.

[5] Tonse N K, Raju. Emil Adolf von Behring and serum therapy for diphtheria. Acta Paediatrica, 2006, 95(3): 258-259.

[6] Randy Schekman.Arthur Kornberg 1918-2007. Cell, 2007, 131(4): 637-639.

[7] Dewsbury D A. The 1973 Nobel Prize for physiology or medicine: Recognition for behavioral science? American Psychologist, 2003, 58(9): 747-752.

[8] Robert F, Service. Three scientists bask in prize's fluorescent glow. Science, 2008, 322: 361-361.

[9] Marc Z. GFP: from jellyfish to the Nobel Prize and beyond. Chem. Soc. Rev., 2009, 38, 2823-2832.

[10] Flegar V H, Inić S. Mendeleev's discovery of the periodic table and the first European Academy of Sciences to honour him. Acta Pharmaceutica, 2023, 73 (4): 4.

[11] Lovett S T. The 2011 Thomas Hunt Morgan Medal: James Haber. Genetics, 187(4): 987-989.

[12] Ruzicka F, Connallon T, Reuter M. Sex differences in deleterious mutational effects in *Drosophila melanogaster*: combining quantitative and population genetic insights. Genetics, 2021, 219(3): 143.

[13] John M. Watson, Crick and the future of DNA. Nature, 1993, 362: 105.

[14] Lamm E, Harman O, Sophie J V. Before Watson and Crick in 1953 Came Friedrich Miescher in 1869. Genetics, 2020, 215(2): 291-296.

[15] Hoshika S. "Skinny" and "Fat" DNA: two new double helices. J. Am. Chem. Soc., 2018, 140(37): 11655-11660.

[16] Elspeth F, Garman. Rosalind Franklin 1920-1958. Acta Crystallographica Section D, 2020, 76(7): 698-701.

[17] Hayashi D, Roemer F W, Guermazi A. Imaging of osteoarthritis—recent research developments and future perspective. British Journal of Radiology, 2018, 91: 1085.

[18] Leach M O. Nobel Prize in Physiology or Medicine 2003 awarded to Paul Lauterbur and Peter Mansfield for discoveries concerning magnetic resonance imaging. Physics in Medicine & Biology, 2004, 49, 3.

[19] Ruta G V, Ciciani M, Kheir E, et al. Eukaryotic-driven directed evolution of Cas9 nucleases. Genome Biol , 2024, 25.

[20] Jordens J Z. Restriction enzyme analysis of chromosomal DNA and its application in epidemiological studies. Journal of Hospital Infection, 1991, 18: 432-437.

[21] Meyerhof O. New investigations in the kinetics of cell free alcoholic fermentation. Antonie van Leeuwenhoek, 1947, 12, 140-144.

[22] Miller J, Cooper M. Immune-cell pioneers win prestigious Lasker medical award. Nature, 2019.

[23] Zhang J Z, Adikaram P, Pandey M. Optimization of genome editing through CRISPR-Cas9 engineering. Bioengineered, 2016, 7(3): 166-174.

[24] Chan S K, Steinmetz N F. Isolation of tobacco mosaic virus-binding peptides for biotechnology applications. ChemBioChem, 2022, 23(11): e202200040.

[25] Ma J, Liu F, Du X, et al. Changes in lncRNAs and related genes in β-thalassemia minor and β-thalassemia major. Front. Med. , 2017, 11: 74-86.

[26] Stoeklé H C, Mamzer-Bruneel M F, Vogt G, et al. 23andMe: a new two-sided data-banking market model. BMC Med Ethics 17, 19 (2016).

[27] Zhuang X W. Super-Resolution fluorescence imaging by storm. Biophysical Journal, 2013, 104(2): 185.

[28] Igarashi M, Nozumi M, Wu L G, et al. New observations in neuroscience using superresolution microscopy.Journal of Neuroscience, 2018, 38(44): 9459-9467.

[29] Dietz T, Börner J, Förster J J, et al. Governance of the bioeconomy: a global comparative study of national bioeconomy strategies. Sustainability 2018, 10(9): 3190.

[30] Pandey J L. Policy for bioeconomic growth. BioScience, 2020, 70(6): 459-460.

[31] Pungas L. Invisible (bio)economies: a framework to assess the 'blind spots' of dominant bioeconomy models. Sustain Sci, 2023, 18: 689-706.

第 2 章
DNA——生物信息的载体

"不夸张地说,观察并探究相似性与差异性乃是人类获取所有知识的基本方法。"

——阿尔弗雷德·诺贝尔

"One can state, without exaggeration, that the observation of and the search for similarities and differences are the basis of all human knowledge."

——Alfred Nobel

"我小时候父亲曾对我说:人生最值得追求的就是真理和美。我相信当阿尔弗雷德·诺贝尔为文学和科学设立这些奖项的时候也是这样认为的。"

——弗雷德里克·桑格(1958 年及 1980 年诺贝尔化学奖得主)

"When I was young my Father used to tell me that the two most worthwhile pursuits in life were the pursuits of truth and of beauty and I believe that Alfred Nobel must have felt much the same when he gave these prizes for literature and sciences."

——Frederick Sanger

2.1 生物信息的起源

"我来自哪里？"关于人类身份的界定在历史的长河里曾出现过各种理论假说。例如古希腊人支持的"泛生论"（pangenesis），认为后代的表型在父母的体内就已经决定了，即在父母体内各个器官中，会产生微芽或"泛生子"（pangene），通过循环系统迁移至生殖器官中决定后代表型。又如"先成论"（performationism）假说，认为卵子或精子中的一个包含了"预先形成"的完整个体，称为"雏形人"（homunculus），而发育只是把它放大为完全长成的人。此后这些假说逐渐被推翻。随着历史的发展和科技手段的进步，人类的身份也有了更新更准确的定义。

1856—1864 年，奥地利遗传学家格雷戈尔·孟德尔（Gregor Johann Mendel）对 7 种类型的豌豆进行杂交实验，发现了一个奇妙的现象：当红花豌豆和白花豌豆进行杂交时，第一代的植株全都开红花；但到自花授粉的第二代，却又出现了开白花的植株。他扩大实验规模，仔细把杂交后代进行分类，并用数学方法加以统计分析，发现红花豌豆与白花豌豆之比接近 3∶1。此后，孟德尔还进行了两个对立性状间的双因子杂交实验，总结出遗传学中经典的分离规律和自由组合规律。因此，孟德尔通过精密的实验设计与复杂的定量分析，提出了生物的性状是由遗传"因子"控制的正确观点。然而大多数人无法理解其精髓，孟德尔的精密实验与逻辑推理远远超越了那个时代，直到进入 20 世纪他超前的理论才被重新重视。

1909 年，丹麦植物学家威尔赫姆·路德维希·约翰逊（Wilhelm Ludwig Johannsen）创造了"基因"（gene）这个代表遗传学最基本单位的名词。基因被看作是生物性状的决定者、生物遗传变异的结构和功能的基本单位。（编者注：曾于 1926 年在哥伦比亚大学获得生物学学位的潘光旦先生在其 1930 年发表的《文化的生物学观》中首次将"gene"翻译成中文"基因"。）同一时期，被誉为"现代遗传学之父"的美国生物学家托马斯·亨特·摩尔根（Thomas Hunt Morgan）自 1910 年开始进行了著名的果蝇实验，发现了遗传学"连锁与互换定律"，证实了染色体与遗传基因的关系。1928 年他出版著名的《基因论》（The Theory of the Gene），创立了现代遗传学的基因学说。因为发现了关于遗传基因在染色体上线性排列的染色体理论，摩尔根在 1933 年荣获了诺贝尔生理学或医学奖。

基因是控制生物性状的基本遗传信息单位，也标志着现代遗传学真正意义上的开端。经历了一代代杰出学者们前赴后继的探索，基因理论的问世给人类带来了巨大的惊喜，也使之后的研究开始变得有迹可循、有序可循。一个个遗传信息单位所存在于其上的分子——DNA 也开始初现雏形。

2.1.1 DNA 的发现

1928 年英国科学家弗雷德里克·格里菲斯（Frederick Griffith）对肺炎链球菌的研究过程可谓妙笔。肺炎链球菌根据平滑与粗糙的外观可分为 S 型（有毒性）和 R 型（无毒性）两种类型，而加热致死后的 S 型菌中的活性物质可以将 R 型菌转化为 S 型菌。事实上这种"活性物质"就是后人所说的"转化因子"。不过格里菲斯本人并不知道他的这一发现为揭示遗传物质作出了多么重要的贡献。受此启发，另一位细菌学家奥斯瓦尔德·西奥多·埃弗里（Oswald Theodore Avery）持续研究肺炎链球菌。通过反复试验与验证，埃弗里及其同事在 1944 年发表论文证明导致细菌转化的真正活性物质是脱氧核糖核酸（DNA），清楚地表明 DNA 才是真正的遗传物质。他们的发现为分子遗传学的发展奠定了基础。埃弗里本人也曾多次获得诺贝尔奖提名，不过由于当时人们对 DNA 认知的局限和持有的不同意见，埃弗里并未获得诺贝尔奖。

DNA 作为生物体遗传密码（genetic code）的载体，是控制生物性状遗传信息的物质基础。DNA 以脱氧核苷酸为基本结构单位，是通过许多单个的脱氧核苷酸经 3,5- 磷酸二酯键连接形成的链状的生物大分子。每个脱氧核苷酸又是由磷酸、脱氧核糖和碱基三部分组成。其中组成 DNA 分子的碱基只有 4 种，即腺嘌呤（A）、鸟嘌呤（G）、胸腺嘧啶（T）和胞嘧啶（C）。

2.1.2 DNA 的自我复制

随着生物体细胞的分裂，DNA 也在不断地复制着自身。DNA 的复制是指 DNA 分子的双链在一个细胞分裂之前进行的自我复制过程，即从一个原始 DNA 分子产生两个完全相同的 DNA 分子。1958 年，分子生物学家马修·梅塞尔森（Matthew Stanley Meselson）和富兰克林·斯塔尔（Franklin Stahl）用同位素标记大肠杆菌的亲代 DNA 进行实验，结果证明 DNA 的复制是以半保留的方式进行的，称为"半保留复制"。

DNA 携带着生物体的遗传密码，还需要固定的程序解码和运行。如前文所述，"中心法则"是分子生物学最重要的基本规律，阐明了生物信息的传递过程。遗传物质可以是 DNA，也可以是 RNA。遗传信息的主要传递方向是从 DNA 流向 DNA（DNA 自我复制），再从 DNA 流向 RNA，进而流向蛋白质（转录和翻译）。作为补充，遗传信息也可以从 RNA 流向 RNA（RNA 自我复制），以及从 RNA 流向 DNA（逆转录），例如烟草花叶病毒的 RNA 自我复制和逆转录病毒以 RNA 为模板逆转录成 DNA 的过程。

2.1.3 基因的存在形式

能量的传导需要介质，信息的传递也需要载体。生物体的构造这么复杂，基因到底在哪里呢？是像飞机的黑匣子存在于某一特定部位还是遍布全身？我们为什么看不到如此大量的信息形式？基因作为生命的基本单位，其存在形式和构造究竟是怎样的呢？

真核细胞的细胞核所包含的染色质是由很多个染色单体堆积而成。染色单体由 DNA 链和蛋白质构成。基因和 DNA 是两个不同的概念。基因是 DNA 上具有特定遗传效应的一段片段，一个 DNA 分子上通常有很多个基因。DNA 分子上的其他序列有各种不同的作用，有些 DNA 片段起到自身结构的作用，有些则可以调控遗传信息的表达。这就是生物体遗传信息储存的位点。对于真核生物而言，基因的确存在于细胞核这一特定部位，同时也随着细胞而遍布整个生物体。

2.1.4 DNA 的螺旋结构

1950 年，美国化学家莱纳斯·卡尔·鲍林（Linus Carl Pauling）发现了蛋白质里的氨基酸链的排列结构，并且将这个结构称为 α 螺旋。令人惊讶的是，他并非根据 X 射线衍射的实验数据推出模型，而是根据一个结构化学家的丰富经验，大胆推论哪种类型的螺旋结构最符合多肽链的化学特性。鲍林将问题简化成一种三维拼图游戏，既简单又客观。

1952 年，鲍林又提出了核酸分子的三股螺旋结构模型。但是它面临的问题在于没有严谨地推理证明其结构是否正确。同年，伦敦大学国王学院的女科学家罗莎琳德·埃尔西·富兰克林（Rosalind Elsie Franklin）（图 2.1）经过长时间的实验分辨了 A 型和 B 型两种 DNA 构型，成功地拍摄到 DNA 的 X 射线晶体衍射照片，为

图 2.1 罗莎琳德·埃尔西·富兰克林

DNA 分子的双螺旋结构提供了晶体学证据。图 2.2 为 DNA 的螺旋结构图。现在我们知道，自然界中已知的三种 DNA 构型为 A 型、B 型与 Z 型。

图 2.2　螺旋结构

重大科学发现往往是无数科学家前赴后继共同辛勤探索的成果。詹姆斯·杜威·沃森（James Dewey Watson）和弗朗西斯·哈利·康普顿·克里克（Francis Harry Compton Crick）结合富兰克林等科学家的研究成果于 1953 年在英国《自然》杂志发表了标题为"核酸的分子结构——脱氧核糖核酸的一个结构模型"的文章。也因 DNA 双螺旋结构的发现，沃森、克里克和莫里斯·休·弗雷德里克·威尔金斯（Maurice Hugh Frederick Wilkins）（图 2.3）一起在 1962 年获得诺贝尔生理学或医学奖。

图 2.3　弗朗西斯·克里克、詹姆斯·杜威·沃森和莫里斯·威尔金斯

沃森和克里克起初并未提出正确的 DNA 双螺旋结构。而富兰克林首先获得了 B 型 DNA 的 X 射线晶体衍射照片，首先阐释了 DNA 分子的对称性，即翻转 180°后仍然不变，这为"反向平行"结构的提出奠定了基础。她还首先指出了磷酸根之间的距离和在 DNA 上的位置，并纠正了当时所普遍认为 DNA 分子是外侧为碱基、内侧为磷酸的错误。遗憾的是，富兰克林的研究成果在当时并没有获得与之相称的重视。她本人因卵巢癌于 1958 年去世，年仅 38 岁。2003 年，伦敦大学国王学院将一栋新大楼命名为"富兰克林 - 威尔金斯馆"以纪念她与同事莫里斯·威尔金斯的贡献。

沃森和克里克受富兰克林的启发，从 DNA 能稳定传递遗传信息的角度出发，在 1959 年诺贝尔生理学或医学奖得主阿瑟·科恩伯格（Arthur Kornberg）和塞韦罗·奥乔亚·德阿尔沃诺斯（Severo Ochoa de Albornoz）分别对 DNA 和 RNA 生物合成机制的研究基础上，建立了 DNA 双螺旋结构模型，对两条 DNA 单链间的碱基互补配对做出推断并验证。

DNA 的发现乃是多少科学家呕心沥血的结果，它的发现对探索生命的奥秘起了至关重要的作用。随着分子生物学长足的进展，改造生物的渴望召唤着人类。DNA 扩增技术、DNA 测序技术、DNA 重组技术、基因组编辑技术等的相继出现，以及随之而来的"调整"DNA 分子的能力，使得人类改造生物体的梦想真的实现了。

2.2　DNA 测序技术

由 A、T、C、G 四个字母所代表的 4 种碱基所组成的长长的 DNA 序列是每个生物体具体且独特的身份信息密码，几千年来人们迫切想知道的生命的秘密就隐藏在其中。DNA 序列信息的详细测定是解读遗传密码和进行深入研究改造的基础。至今 DNA 测序技术已经得到了长足的发展。

> **知识框 2.1　人类基因组计划**
>
> 　　1990 年正式启动的人类基因组计划被誉为生命科学领域的"登月计划"，由美国能源部和国家卫生研究院（NIH）共同资助，预期在 15 年内完成全部人类 23 条染色体、约 3 亿对碱基的序列测定。2001 年 2 月，由 6 个国家的科学家共同参与的国际人类基因组计划首次公布人类基因组图谱及初步分析结果。2003 年，研究人员公布了当时被认为完整的人类基因组序列，获得了人类基因组中大多数蛋白质编码基因的 DNA 序列。但仍有大约 8% 的信息尚未完全破译，主要是因为它包含的高度重复的 DNA 片段难以与其他部分啮合。
>
> 　　而今，这人类基因组的最后 8% 已经获得测序和研究。新的数据显示，有一些神秘的非编码 DNA，它们不制造蛋白质，但仍然在许多细胞功能中发挥着关键作用。科学家现在从这缺失的 8% 的基因组对细胞如何分裂有了全新的认识，从而能够研究一些以前无法治疗的疾病。该研究论文题为"The complete sequence of a human genome"，已发表在 2022 年的《科学》期刊上。

2.2.1　桑格测序

　　第一代测序技术，也称桑格测序（Sanger 法测序），主要基于生物化学家弗雷德里克·桑格（Frederick Sanger）（图 2.4）研发的双脱氧链终止法，结合荧光标记和毛细管电泳技术实现了高效、快速、准确地测定 DNA 序列的方法。桑格也因此于 1980 年第二次获得诺贝尔化学奖。

　　桑格测序技术的原理是在 4 份同时进行的 DNA 体外扩增反应（PCR）中，分别加入由同位素标记的 4 种双脱氧核糖核酸（ddATP、ddGTP、ddCTP、ddTTP），可以使正在生成的 DNA 链即刻终止合成，这样就得到许多终止于不同位置的不同长度的 DNA 片段。再把所有这些 DNA 片段拼接起来，就能获得所检测 DNA 分子的全长序列。如果将 4 种双脱氧核糖核酸标记不同的荧光，计算机可以自动根据颜色判断该位置上碱基究竟是 A、T、G、C 中的哪一个。第一代测序技术也被称为合成终止测序。其原理如图 2.5 所示。

图 2.4　弗雷德里克·桑格

　　早在 1958 年，桑格就因解析胰岛素的蛋白质序列结构而荣获诺贝尔化学奖，诸多的荣誉、头衔和职务也随之而来。不过，桑格只想专心搞科学研究。后来，他辞去了几乎所有的行政头衔，回到实验室开始一心一意地钻研 DNA 分子的序列测定。通过坚韧不拔地不断试验，桑格成功了！1977 年，他开发的一种基于少量双脱氧核苷酸（dideoxynucleotides，ddNTPs）的方法实现了 DNA 的序列测定，这种技术具有高度准确性、灵活性、长片段读取等特点。他利用开发的双脱氧链终止法成功完成了 Φ-X174 噬菌体的基因组测序。第一代 DNA 测序技术打开了分子生物学、遗传学和基因组学研究领域的大门，桑格也成为唯一一位

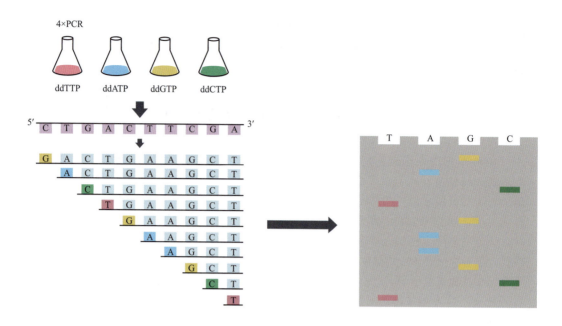

图 2.5　桑格测序原理

两次获得诺贝尔化学奖的生物领域科学家。获得了英国最高荣誉"功绩勋章"的桑格仍然拒绝封爵，因为他只享受科学研究的过程，而不喜欢被称为高人一等的"爵士"（Sir）。

桑格测序并不是完美的，因为其检测序列的长度仍然比较有限（几千碱基对）。但由于其高质量、高准确性，至今仍被称为测序行业的"金标准"，被广泛应用于生物标记、疾病研究、食品检验、表观遗传学分析、农业生物学研究、骨髓移植匹配度检测等。此外，还被大量地应用于 PCR 产物序列测定，获得目的基因序列，进行突变、插入或缺失克隆产物的序列验证等。

2.2.2　第二代测序技术

与第一代测序相比，第二代测序技术开创性地引入了可逆终止末端，采用边合成边测序的方法，降低了测序的成本，也大幅提高了测序的速度。主要的步骤包括：构建 DNA 文库，簇的生成，桥式 PCR，以及数据分析。主要通过捕捉新添加的不同碱基所携带的不同荧光分子标记来确定按照模板合成出来的 DNA 序列。第二代测序技术具有通量高、读长短、高深度测序的特点，能实现高分辨率、大规模的基因组测序。

今天，面对多种转录组和基因组的海量序列，高通量测序（high-throughput sequencing）能快速检测长达几百亿碱基对的 DNA 序列，并行完成几百万条 DNA 分子的大规模测序。第二代测序技术以罗氏（Roche）公司的 454 焦磷酸测序技术、因美纳（llumina）公司的 Solexa 合成测序、ABI 公司的 SOLiD 连接法测序技术，以及华大智造（MGI）的 cPAS 测序为标志，可以对某个物种的大量 DNA 序列数据进行细致深入的全景分析。

第二代测序技术主要应用于基因组测序、转录组测序、群体测序、扩增子测序、宏基因组测序、重测序等，也在医学领域应用十分广泛，主要包括癌症基因组测序、遗传病基因组测序、肿瘤与代谢疾病研究等。

高通量测序经历了二十几年的飞速发展，要检测一份人类基因组的序列成本已经从 2000 年第一次人类基因组计划时期的 30 亿美元降到了现在的 1000 美元。第二代测序成本大幅度下降，高通量测序设备在通量、准确度、读长等方面都有了较大的提高，逐渐成为商用测序的主流。

 知识框 2.2　人类基因组计划的进程

1. 1996 年百慕大原则建立
2. 2000 年第一次基因组草案公布
3. 2000 年推出基因组浏览器
4. 2002 年第一次全基因组关联研究
5. 2003 年第一次参照基因组完成
6. 2003 年劳德代尔堡协议公布
7. 2004 年表皮生长因子受体突变预测响应抑制剂
8. 2005 年第一次商业化子代测序
9. 2007 年推出直接面向消费者的基因公司
10. 2009 年非洲人类遗传与健康倡议
11. 2013 年全基因组关联分析
12. 2016 年人类细胞图谱计划
13. 2018 年多基因风险评估对常见疾病的效用论证
14. 2019 年国际常见疾病联盟
15. 2021 年第一个全基因组完成测序

2.2.3　第三代测序技术

单分子实时测序（single-molecule real time sequencing，SMRT）属于第三代测序技术，具有高通量、长读长的特点。与前两代相比，第三代测序技术实现了两个重要的技术突破：一是将荧光分子标记在磷酸上，可直接随磷酸基团脱落，解决了因噪声污染导致的读长短的问题；二是通过引入零模波导孔（ZMW）技术解决了信号有效提取的问题。第三代测序技术主要应用于基因组组装、全长转录组测序、甲基化分析等。

综上所述，所有的测序技术都离不开一个核心的科学发现：一个有机体的基因组可以通过确定 DNA 分子中核苷酸的顺序来绘制。作为分子生物学早期研究者的美国物理学家与生物化学家沃特·吉尔伯特（Walter Gilbert）在 1976 年使用放射性物质标记 DNA 分子末端的方法处理 DNA 中 4 种类型的脱氧核苷酸（4 种 dNTP，即 dAMP、dGMP、dCMP 和 dTMP），这样经过与特定核苷酸反应的少量化学物质处理后，就可以获得不同长度的 DNA 片段。因他独立地提出更简便的核苷酸顺序测定方法，与桑格共同获得 1980 年诺贝尔化学奖。

 诺奖小故事 2.1　弗雷德里克·桑格

1918 年，桑格出生于英国，父亲是一名医生，母亲是富家千金。桑格从小接受良好的教育，原本想跟随父亲从医，但高中毕业进入剑桥大学后，发现自己对生物化学兴趣浓厚，加之，当时剑桥大学拥有诸多生物化学的先驱，从此便开始了他的生物化学科研生涯。上学时，桑格表现平庸，性格内向，虽为理科生，但是数理知识对他而言是晦涩的，一次奖学金也没得过。

1944年，桑格在剑桥大学取得化学专业的博士学位，留校跟随正在研究胰岛素的生物化学教授开始了博士后研究——在地下室里紧挨着气味熏人的小白鼠笼旁专注于为氨基酸排序的工作。这份工作听起来似乎相当简单。可是，在当时，人们只知道蛋白质是由氨基酸排列构成的生物大分子，但是对于氨基酸如何排列构成蛋白质的了解空空如也。

1958年，桑格凭借对胰岛素结构的精确解析第一次获得了诺贝尔化学奖。获得诺贝尔奖后，一连串的头衔、荣誉、采访接踵而至，不过桑格并不在意，他唯一感兴趣的是升级实验室、潜心搞科研。测序蛋白质的时候总会涉及DNA序列的问题，他便开始寻找DNA测序方法，久而久之对此产生了浓厚兴趣。当时沃森和克里克已经发现了DNA的双螺旋结构，但是人们对其结构上的核苷酸排列顺序知之甚少，研究也比胰岛素的氨基酸排序更为繁琐复杂。

桑格接受了这一挑战，他又开始了"拆解——测序——拼接"的无限循环游戏。研究笔记上他写的最多的结论是："这个方案就是浪费时间……得从头再来。"终于，桑格一心耕耘的核酸测序收获了成功：1970年在《生物化学学会研讨会（刊）》（*Biochemical Society Symposium*）发表了研究论文"Methods for determining sequences in RNA"。

 问一问 2.1

第一、二、三代DNA测序技术有什么不同？

2.3 DNA 的修饰和改造

2.3.1 DNA 扩增技术——PCR

生物信息的传递首先是凭借DNA的复制，那么在体外实验中，如何使实验细胞中有限的DNA大大扩增到可以检测的量呢？因为只有将微量的DNA实现指数级别的扩增，科学家才可以实现人工操控并干涉其运行过程。前文提到的DNA测序技术也必不可少地需要用到DNA的扩增反应。这个难题的解答就是1993年获得了诺贝尔化学奖的核酸体外扩增技术——PCR，该技术由凯利·穆利斯（Kary Mullis）于1985年发明，是分子生物学研究不可或缺的基本技术。

PCR即聚合酶链式反应（polymerase chain reaction），是一种在体外快速扩增特定基因或DNA序列的方法，故又称为基因的体外扩增。它可以在试管里建立反应，经过短短几个小时，就能将极微量的DNA片段或某一目的基因扩增至数十万倍乃至千百万倍，轻松获得足够数量的精准DNA拷贝。

随着分子生物学的发展，人们在PCR基本技术的基础上，不断地推陈出新，发展了多种PCR延伸技术，如反转录PCR、锚定PCR、巢式PCR、实时定量PCR等，以适应不同的用途。

PCR技术的基本过程是变性、退火和延伸，这三个连续步骤共同组成一个DNA合成的可循环周期，每个周期合成的 DNA 产物也都可作为新增的 DNA 模板参与下一个循环。变性是对双链 DNA 模板高温加热，使之解离成单链 DNA；退火是降低温度，使引物与目标 DNA 结合；延伸过程再次升温，使 DNA 聚合酶沿着模板链将引物 3′ 端进行延伸。

PCR 的技术原理是双链 DNA 经过高温"变性"解链成为单链 DNA，而分别与单链 DNA 头、尾侧翼序列互补的一对寡核苷酸引物（primer）在与目标单链 DNA 通过碱基配对原则在互补区结合后，即在 DNA 聚合酶的催化作用下招募 dNTP 进行单链 DNA 的 5′→3′ 合成反应。这个 DNA 单链的 5′→3′ 合成反应反复循环，就可不断进行下去，其实质是模拟天然 DNA 的复制过程。如此往复，在热循环仪中经过 30 轮循环后，即可使目的 DNA 的拷贝呈指数（2 的 30 次方）增长（图 2.6）。

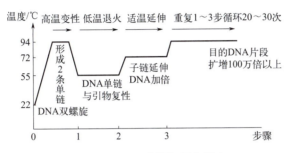

图 2.6　PCR 平台期与平台效应

PCR 技术是新冠病毒核酸的主流检测方法，而多重 PCR 技术可以同时检测多种病原体，应用更加广泛。主要通过熔解曲线法，在同一体系中加入对应多种病原体的特异性引物及相应的荧光探针，如果体系中存在与某一个探针互补的靶标核酸序列，则经 PCR 扩增后该探针因消耗完毕而不产生熔解曲线。这样就能对体系中存在的多种病原体基因组片段同时进行扩增检测。

 问一问 2.2

PCR 的基本步骤是什么，分别起到什么作用？

 诺奖小故事 2.2　PCR 的诞生

凯利·穆利斯（1944.12.28—2019.8.7）（图 2.7）诞生于一个普通家庭，双亲均从事农业。本科毕业后，穆利斯选择在生物化学的学术道路上进一步深造。在攻读博士学位期间，他展现了异于常人的能力：1968 年，他在《自然》上以唯一作者的身份发表了一篇论文，而论文的主旨是与他的专业毫不相干的天体物理学。这些业余爱好并没有影响穆利斯斩获博士学位。之后，他写过科幻小说，做了博士后。1979 年，穆利斯任职于一家名为 Cetus 的生物技术公司，负责合成寡核苷酸。在化学上充满天赋的穆利斯很快开发出计算机自动合成程序，大大简化了工作流程。

图 2.7　凯利·穆利斯

> 1983年春天的一个夜晚,穆利斯载着女友从旧金山前往乡下度过周末。当汽车行驶在蜿蜒盘旋的128号公路上,他的脑海中闪现出一个念头:扩增DNA片段时,如果同时添加两条引物,分别扩增正义链和反义链,那么只要引物足够,是不是就可以无限循环地扩增下去?!按照这种扩增方法,每次循环得到的DNA都是上一循环的2倍,那么循环10次DNA就能扩增1000倍,循环30次就能达到10亿倍!
>
> 穆利斯很快在公司科研会议上分享了自己的新发现,然而并未得到公众认同。直到1984年,在Cetus公司技术人员的帮助下,穆利斯开发的PCR技术成功扩增到一个110bp的人源蛋白基因片段,并发表于《科学》期刊。

PCR技术也常用于检测微生物,例如快速检测金黄色葡萄球菌、沙门氏菌,它们是牛奶及奶制品中导致人中毒的主要微生物。利用实时荧光定量PCR技术可以检测大豆制品中转基因情况。

实时荧光定量PCR技术包括染料法和探针法,两种方法的qPCR扩增示意图如图2.8。染料法中的SYBR荧光染料与单链DNA结合后可以发出较强荧光,根据荧光信号的强度可对扩增产物进行检测。探针法中惯用TaqMan探针,它是一种带荧光的双标记水解探针,可实现产物生成与荧光信号的累积同步,从而直观地给出产物的拷贝数。染料法所用的SYBR荧光染料与单链DNA的结合没有特异性,而探针法所用的探针只能与目标序列的单链DNA进行结合。定量PCR又称qPCR,实验室通常只需要实现"相对定量",即测定目的基因在多个样本中的含量的相对比例,而不需要知道它们在每个样本中的拷贝数,也就不需要使用已知拷贝数的绝对标准品制作标准曲线来实现"绝对定量"。

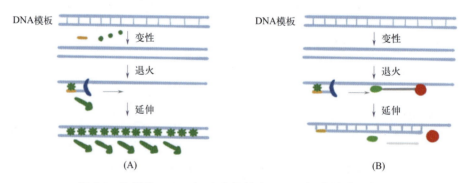

图2.8 染料法qPCR(A)和探针法qPCR(B)扩增示意图

数字PCR(dPCR)技术是第三代核酸扩增与检测技术,具有单分子扩增、不依赖标准曲线、直接绝对定量、对背景核酸和抑制剂耐受性高的优点,非常适合对qPCR等常规检测方法检测不了的极低含量目标DNA片段进行定量或定性检测。例如,数字PCR可以应用在血流感染病原学诊断中。这是细菌、真菌等病原微生物入侵血液所致的一种感染性疾病,部分可发展为脓毒症,是ICU(重症监护室)危重疾病之一。血流感染每延迟治疗1h,患者死亡率增加7.8%,延迟治疗6h,患者死亡率高达58%。因此早期诊断极为必要,利用数字PCR即可进行快速准确的诊断。

PCR技术还可以应用到许多方面,如核酸的基础研究、基因克隆。不对称PCR可制备单链DNA用于DNA测序,反向PCR测定未知DNA区域,反转录PCR(RT-PCR)用于鉴定特定基因表达水平、RNA病毒量以及克隆特定基因的cDNA等等。

2.3.2 定点突变技术

人类已经可以检测生物信息的序列，可以实现 DNA 的指数级扩增，那么，我们能够有目的地改变遗传物质中的遗传信息吗？与上文所提到的 PCR 之父、鼎鼎大名的穆利斯同获 1993 年诺贝尔化学奖的加拿大生物化学家迈克尔·史密斯（Michael Smith）（图 2.9）就开发了人工改变生物信息的工具——定点突变技术。

早期，人们尝试用辐射或化学诱变剂来改变遗传信息，但所实现的 DNA 突变并非位点特异的。20 世纪 70 年代，史密斯与美国生物化学家克莱德·哈奇森（Clyde Hutchison）合作，利用突变的寡核苷酸引物和 DNA 聚合酶开发出一种具有通用性的寡聚核苷酸定点诱变方法。之后，这种方法被不断改进，可以在质粒中引入单碱基变化以及插入和缺失。

图 2.9　迈克尔·史密斯

 问一问 2.3

什么是定点突变技术？

定点突变的过程是在体外通过 PCR 等分子克隆的方法向已知序列的 DNA（基因组或质粒）的特定位点引入所需变化的序列（通常是表征有利方向的变化），所引入的片段可以是一段核苷酸序列的缺失或插入，也可以是一些碱基的替换、添加或删除的改变。这一方法能准确、迅速、高效地改造目的基因所表达目的蛋白的性状及特性，是基因研究工作中一种极为有用的手段。

定点突变技术大大克服了以往对 DNA 进行诱变时的随机性和盲目性，科学家可以根据实验需求实施理性设计，有目的地获得想要的突变体，这是生物工程领域一项非常重要的技术。史密斯的获奖理由也是"表彰他对建立基于寡核苷酸的定点诱变技术及其对蛋白质研究的发展作出的根本性贡献"。

 知识框 2.3　地中海贫血

地中海贫血（thalassemia）是地中海国家比较常见的一种常染色体隐性遗传病，是由 β-珠蛋白剪接过程中的错误引起的。正常的红细胞含有正确剪接的 β-珠蛋白，β-珠蛋白是血红蛋白中的重要成分，会吸收肺中的氧气。β-珠蛋白基因中发生的点突变就会导致剪接位点选择错误，造成血红蛋白的组分改变，产生无效红细胞，导致慢性溶血性贫血。

全球有 1%～5% 的人口为该异常基因携带者。地中海贫血呈世界性分布，多见于地中海、东南亚区域。我国不同地区的发病率差异较大，以广东、广西及海南地区为最高。原因之一是地中海贫血基因携带者能同时合成正常和异常的血红蛋白，具有抵抗疟疾的选择优势，使得地中海贫血主要发生在热带及亚热带的疟疾高发地区。

如今，定点突变技术已成为研究蛋白质结构与功能之间复杂关系的有力工具，也是实验室中改造目的基因的常用手段。利用这种技术，科学家能够研究蛋白质相互作用的位点，筛选具有理想性质的突变，引入或删除限制性酶切位点或标签。例如，李沛华等人利用定点突变技术改变 β-葡萄糖苷酶的两个突变位点 Asn347Ser 和 Gly235Met，使酶的活性分别提升了 43.1% 和 14.7%。刘华清等人定点突变调控水稻株型的关键基因 *IPA1*，非常明显地改变了水稻株高、有效穗数、穗长及穗粒数等主要性状，从而获得水稻新株型。

2.3.3 可移动的遗传元件

可移动的遗传基因，也称"跳跃基因"，是由美国遗传学家芭芭拉·麦克林托克（Barbara McClintock）（图 2.10）在 1951 年发表的《染色体结构和基因表达》一文中提出的：基因可从染色体的一个位置跳跃到另一个位置，甚至从一条染色体跳跃到另一条染色体。这一理论的提出为研究遗传信息的表达与调控、生物进化与癌变提供了重要线索。在此之前，麦克林托克还发现了转座子并研究其在基因表达方面的作用。跳跃基因的问世并没有获得赞许和掌声，由于与传统的遗传学观念背道而驰，人们一度用怀疑和异样的目光看待她，朋友和同事大都与她渐渐疏远；即使如此，她没有理会世人的蔑视和讥笑，继续她的研究，只是她不得不停止向外界发表论文。

图 2.10　芭芭拉·麦克林托克

科学真理终将被证明。随着分子生物学和分子遗传学的进一步发展，科学家们在细菌、真菌乃至其他高等动植物中都逐渐发现了许多与麦克林托克所报道的转座因子相同或类似的现象。这些发现迫使人们不得不重新回过头来审视麦克林托克在玉米中的研究。人们逐渐认识了麦克林托克颠覆性的研究成果，惊讶于她超越时代的科学发现以及她那不屈不挠的意志和毅力。1976 年，在冷泉港召开的"DNA 插入因子、质粒和游离基因"专题讨论会上，科学界明确承认使用麦克林托克提出的术语"跳跃基因"来说明所有能够插入基因组的 DNA 片段。这时，人们才真的对她刮目相看。终于，在 1983 年，麦克林托克因她发现了 DNA 转座子以及转座发生的机制，获得了诺贝尔生理学或医学奖。

2.3.4 DNA 的修复机制

作为遗传物质的 DNA，是遗传和变异的矛盾统一体。虽然生物体合成 DNA 的精确度非常之高，碱基错配率仅为 $1/10^7$，但与其庞大的信息容量相比，DNA 在通过复制过程正常传递大量遗传信息的同时，总有一些碱基序列发生了改变。并且，在自然界的复杂条件影响下，DNA 分子很容易受到细胞新陈代谢、毒素、辐射的破坏而受到损伤，这就可能导致有害的突变和死亡，细胞应对这些出错、受损 DNA 的方式就涉及 DNA 的修复机制。

自然突变往往是随机发生的，有一部分突变可能改善了生命的功能，也有一些变化对生物体没有太大的影响，但许多 DNA 分子序列的改变对生命是有害的。因此，DNA 修复机制至关重要。这套分子机制持续不断地监测着细胞的基因组，快速发现并修复受损的 DNA 区域，从而保证遗传信息准确地传递。细胞内的 DNA 修复机制根据 DNA 损害断裂的程度可分为两种类型：一种是 DNA 单链损伤，另一种则是 DNA 双链断裂。

DNA 受到损伤后细胞会发生不同类型的修复反应，可能恢复 DNA 原有的结构和功能，也可能并没有完全消除 DNA 的损伤，而使细胞携带这样的损伤继续存活。各种生命体中存在多种多样的 DNA 修复机制。真核生物 DNA 双链断裂的主要修复方式是：同源重组（HR）和非同源末端连接（NHEJ）。

2015 年三位诺贝尔化学奖得主托马斯·林达尔（Tomas Lindahl）、保罗·莫德里奇（Paul Modrich）、阿齐兹·桑卡尔（Aziz Sancar）（图 2.11）揭示了三种细胞修复 DNA 损伤的分子机制的"工具箱"，林达尔完成了碱基切除修复的"拼图"，莫德里奇解释了 DNA 错配的修复过程，桑卡尔则研究了紫外线损伤所导致的核苷酸切除修复。他们伟大而细致的科学研究为人类理解细胞如何修复受损的 DNA 以及对癌症等疾病的治疗提供了重要基础。

图 2.11　托马斯·林达尔、保罗·莫德里奇、阿齐兹·桑卡尔

碱基切除修复（base excison repair）的过程是：DNA 糖苷酶识别并移除损坏的碱基，APE1 处理相关位点，再利用单链断裂通路完成修复。参与错配修复（mismatch repair）的主要因子 MSH2、MSH3 和 MSH6 通过识别错配的碱基或 InDels 环，募集 MLH1 和 PMS2 至损伤的 DNA 部位，由 EXO1 移除错配核苷酸或序列，由 POLD 填充裂隙，最后由 LIG1 完成 DNA 的黏合。核苷酸切除修复（nucleotide excision repair）则是细胞先利用结构特异性的内切酶切除一段变形损伤的 DNA，尤其是紫外线导致的光损伤 DNA。切除损伤片段后，再利用 DNA 聚合酶修复切除的片段。

通过深入了解 DNA 损伤修复的机制，科学家可以有针对性地进行人工干预，开发多种新药。今天，许多靶向药物的研究都是针对不同修复通路的热门靶点，如 DNA 损伤修复通路中的感应因子、中间信号因子以及效应因子等等。例如，2022 年北京脑科学与类脑研究中心熊巍实验室首次在哺乳动物模型上展示了利用非同源末端连接的基因修复通路有效实现先天性遗传疾病的体内基因治疗。

关于 DNA 修复机制的许多问题还有待于进一步的研究阐明。例如从简单的原核生物到真核的高等哺乳类动物，各种修复方式是怎样发生演变的；修复缺陷 DNA 遗传异质性的本质又是什么；免疫缺陷和 DNA 修复功能缺陷的因果关系又是怎样的；等等。

 知识框 2.4　DNA 的多种修复方式

非同源末端连接（NHEJ）：是最主要的 DNA 双链断裂修复机制之一，由 NHEJ 复合物（包括 DNA-PK、XRCC4、LIG4、XLF、PAXX 等因子）介导使 DNA 的断裂端快速连接。NHEJ 通过快速修复 DNA 双链断裂维持基因组的稳定，但容易导致染色体重组。

同源重组（HR）：修复过程依赖序列同源的姐妹染色体 DNA 链。BRCA2 在 BRCA1

和 PALB2 的辅助下，将 RAD51 装载至 RPA 包裹的单链 DNA 上进行修复。POLQ、PARI、RECQL5、FANCJ 以及 BLM 负向调控这一过程，避免过度重组。

微同源介导末端连接（MMEJ）：当前述的 NHEJ 通路由于基因改变不能发挥作用时，细胞启动作为备用的 MMEJ 修复机制，可导致染色体缺失或转位变异。

单链复性（SSA）：不依赖 RAD51 的损伤修复通路，通过切除短或稍长的异常 DNA 片段使得断裂 DNA 复性，导致缺失变异。

单链断裂（SSB）修复：SSB 通常由清除一个损坏的核苷酸引起，PARP1 是该类损伤的识别蛋白，PARP1 结合 DNA 损伤位点，进而生成多聚 ADP 核糖链，核糖化的 PARP1 募集 SSB 损伤修复蛋白至损伤位点进行修复。

链交叉（ICL）修复：链交叉可以导致 DNA 复制停滞或崩塌，进而导致 DNA 双链断裂。FANCONI 核心复合物可以识别 ICL，后利用 HR、TLS 以及 NER 修复 DNA 损伤。

跨损伤合成（TLS）：DNA 损伤耐受通路，利用低保真度的 Y 家族 DNA 聚合酶（REV1、POLH、POLI、POLK 等）越过损伤区域进行复制，防止由 DNA 损伤导致复制停滞，但会导致变异。

2.3.5 基因的靶向修饰

DNA 的修复机制也是近年来新兴的基因编辑技术的关键基础。作为一种利用细胞内的修复机制实现对基因组上目标基因进行精确修饰的巧妙方法，基因编辑技术的发展使人类逐渐实现了对于基因从"读"到"写"的跨越，生物学开始与工程学概念在此结合，合成生物学时代的到来将引领第三次生物技术革命。

基因编辑往往依赖于经过工程化改造的核酸酶，也称"分子剪刀"，在基因组中特定位置产生位点特异性的双链断裂，诱导生物体通过非同源末端连接或同源重组等机制来修复 DNA 的双链断裂。由于这个修复过程容易出错，从而导致靶向位点的基因发生突变，就对目的基因实现了人为的"修饰"和"编辑"过程。

说到基因的修饰和编辑，必然要提到三位伟大的科学家（图 2.12）。马里奥·卡佩奇（Mario R. Capecchi）1937 年出生于意大利，1967 年获哈佛大学生物物理学博士学位，长期担任犹他大学人类遗传学和生物学教授，同时在霍华德·休斯医学研究所工作。奥利弗·史密斯（Oliver Smithies）1925 年出生于英国，1951 年获牛津大学生物化学博士学位，曾在美国北卡罗来纳大学教堂山分校工作。马丁·约翰·埃文斯（Martin J. Evans）1941 年出生于英国，

图 2.12　马里奥·卡佩奇、奥利弗·史密斯和马丁·约翰·埃文斯

1963 年从剑桥大学毕业后进入伦敦学院解剖与胚胎系攻读博士学位，后担任英国加的夫大学哺乳动物遗传学教授。2007 年 10 月 8 日，瑞典卡罗琳斯卡医学院诺贝尔奖评审委员会宣布：卡佩奇、史密斯和埃文斯因"使用胚胎干细胞进行小鼠特定基因修饰的一系列突破性发现"而共同获得当年度诺贝尔生理学或医学奖。卡佩奇和史密斯分别独立地发现利用两段 DNA 片段的同源重组机制对哺乳动物进行可控的基因修饰。

基因靶向技术，即通过同源重组对特定基因序列进行定点的分子生物学改造，并通过小鼠胚胎干细胞技术建立含有这种基因修饰的小鼠模型。基因修饰包括"基因敲除（gene knock-out）"——破坏某个基因或者特定基因组序列从而失去该功能，和"基因敲入（gene knock-in）"——用一段设计好的序列替换或者整合到动物基因组的特定位点从而赋予新功能。

基因靶向技术改变了传统的生理学和医学的研究方法与手段，标志着人类掌握了更深入了解并改造基因功能的钥匙。基因靶向技术建立各种疾病的转基因动物模型，已经帮助科学家精确理解成千上万的基因在发育、免疫、生理和代谢等多方面的具体作用，为最终根本性地纠正和治疗人类疾病带来了真正的希望。

2.3.6　CRISPR 基因组编辑技术

如果说基因的靶向修饰技术推动了以基因工程为标志的第二次生物技术浪潮，那么，最早开始应用于 2012 年的 CRISPR-Cas9 基因组编辑系统，开启了全球范围内以"合成生物学"为标志的第三次生物技术浪潮，在分子生物学研究、基因治疗和遗传改良等方面展示出了巨大的潜力，对人类疾病诊疗产生了深远影响。正如 2020 年诺贝尔奖基金会所论，这项技术的发展使科学家能够修改多种生物体的 DNA 序列，使得基因组操作不再是实验瓶颈。如今，CRISPR-Cas9 技术已广泛应用于基础科学、生物技术和未来疗法的开发中。

问一问 2.4

CRISPR-Cas9 系统的作用原理是什么？

与鼎鼎大名的锌指核酸酶（zinc-finger nuclease，ZFN）技术（1996 年）和诞生于 2009 年的转录激活因子样效应物核酸酶（transcription activator-like effector nuclease, TALEN）技术等经典基因编辑工具相比，CRISPR-Cas9 基因组编辑技术能够高效、快速、成本低廉地在众多微生物、动植物等生命体中实现定点的基因组编辑改造。埃马纽埃尔·卡彭蒂耶（Emmanuelle Charpentier）和珍妮弗·杜德纳（Jennifer Doudna）（图 2.13）两位女科学家因她们的贡献赢得了 2020 年的诺贝尔化学奖。在一个划时代的实验中，卡彭蒂耶和杜德纳对 CRISPR-Cas9 重新编程，使其可以在一个预定的位置切断任何 DNA 分子。在 DNA 被切断之处，就可以借着 DNA 的修复机制改写生命密码。这种可自由编辑基因组的技术使人类对几乎所有物种基因组的深入探索成为可能，并在改善基因组功能、彻底治疗遗传

图 2.13　埃马纽埃尔·卡彭蒂耶和珍妮弗·杜德纳

疾病，以及实现规模化的绿色生物制造等方面显示出难以估量的巨大潜力。

CRISPR（规律成簇间隔短回文重复序列，clustered regularly interspaced short palindromic repeats）原本属于古菌和细菌防御病毒或噬菌体的免疫系统，特指原核生物基因组上一串成簇的规律间隔的短回文重复序列。这是细菌把所入侵的外来病毒DNA的一小段整合到自身基因组中形成获得性的"免疫记忆"。当病毒再次入侵时，细菌就能根据"免疫记忆"迅速识别外来DNA片段，将所存储的DNA序列转录成RNA去引导Cas蛋白靶向切割病毒DNA，从而快速精确地破坏病毒的再次入侵。

Cas（CRISPR-associated）是CRISPR相关蛋白的简称。在CRISPR系统中含有多种常见Cas蛋白，如Cas1、Cas2、Cas3直到Cas10，以及Cas12、Cas13、Cas14等，它们是一类具有多个亚家族类型的内切酶。被科学家们应用最多的Cas9、Cas12a和Cas13a都能分别独立对DNA或RNA分子进行切割。

CRISPR-Cas9（图2.14）的广泛应用包括：基因的敲除、基因的敲入、基因的激活、基因的抑制、多重编辑（multiplex editing）、功能基因组筛选等方面。其中多重编辑是CRISPR-Cas系统的一个突出优点，通过转入多个引导RNA（gRNA）指导多个对应的剪切位点序列，从而同时编辑多个基因。

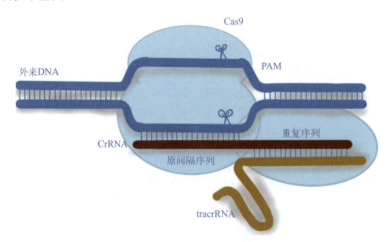

图2.14　CRISPR-Cas9

CRISPR-Cas技术自问世以来，迅速受到全球各地科学家的多方青睐并取得进一步发展，很快就发生了多轮的迭代与更新，比如：如何降低系统的脱靶率而使DNA的改变更加精确；如何使剪切对象从DNA延伸至RNA；如何使其编辑方式拓展到不引起DNA链断裂的单碱基编辑系统；等等。

杜德纳教授曾展望未来CRISPR技术值得期待的几个应用场景：第一，治疗多种疾病的方法；第二，具有标准化生产流程的细胞疗法和基因疗法；第三，对来自各种病原体的检测诊断与大规模自动化筛选的新药发现；第四，用于疾病预防领域，比如使用CRISPR-Cas系统改造一些在阿尔茨海默病或心血管病中特定基因的表达，让疾病在发生前就消弭于无形。

国际公认的另一位CRISPR-Cas基因编辑技术的先驱是一位优秀华人科学家：美国四院院士、麻省理工学院教授张锋（图2.15）。他与卡彭蒂耶、杜德纳几乎同一时期加入CRISPR技术的研究大军。张

图2.15　张锋

锋敏锐地捕捉到 CRISPR 技术在医疗健康方面的潜力并率先获得了美国的专利授权将其应用于哺乳动物。

虽然与诺贝尔奖失之交臂，但张锋教授一直引领 CRISPR-Cas 技术的科研创新。2023 年 6 月，张锋团队再次在国际顶级学术期刊《自然》发布新型 CRISPR 样系统，他们在真核生物中发现了第一个由可编程的 RNA 引导的 DNA 切割酶——Fanzor。这项新系统代表了对人类细胞进行精确改变的另一种方式，是对已有基因组编辑工具的重要补充。

2.4 DNA 的化学与计算机学科应用

2.4.1 DNA 的合成技术

通过测序技术人类可以顺利地读取 DNA，通过定点突变技术和转座子的应用等可以有效地编写 DNA，那么我们可以自行设计并制造 DNA 吗？答案是肯定的。DNA 的化学合成就是通过寡核苷酸的拼接而成功获得人工设计的特定 DNA 片段。

寡核苷酸（oligonucleotide）是一类由多个相邻的核苷酸以磷酸二酯键连接的短链核苷酸的总称，其化学合成过程是一个多步连续的反应。寡核苷酸的化学合成研究开始于 20 世纪 50 年代，英国科学家第一次采用化学法成功合成了简单的二聚寡核苷酸，亚历山大·罗伯兹·托德男爵（Lord Alexander R. Todd）也因他"在核苷酸和核苷酸辅酶研究方面的工作"获得了 1957 年的诺贝尔化学奖。

托德的研究建立了核酸（脱氧核糖核酸 DNA 和核糖核酸 RNA）的连接方式：核酸是由许多的核苷酸连接而构成的长链；而核苷酸由 4 类碱基、核糖或脱氧核糖以及磷酸基团组成。RNA 分子中的核苷酸包括 AMP、GMP、CMP 和 UMP；而组成 DNA 分子的是脱氧核苷酸 dAMP、dGMP、dCMP 和 dTMP。

随后的六七十年代，寡核苷酸的化学合成方法不断被完善，其中亚磷酰胺三酯合成法是使用最为广泛的寡核苷酸合成法。亚磷酰胺三酯合成法包括脱保护、偶联、盖帽和氧化 4 步循环，由于每一步化学反应的不完全性和副反应的发生，寡核苷酸链越长，合成错误率越高，合成效率也越低。

DNA 的合成技术中寡核苷酸合成链的拼接方法也是非常关键的，根据原理的不同，可将 DNA 拼接技术分为胞外组装和胞内组装。胞外组装需要工具酶的使用，以实现 DNA 链的切割、黏性末端的产生、双链的连接以及补齐缺口等。胞外组装往往需要使用大肠杆菌等进行扩增才能导入宿主细胞，而胞内组装可直接将需要组装的 DNA 片段导入这些宿主细胞中。

今天，学术界和工业界对大规模并低成本合成 DNA 的需求日益增长，用于生物工程、医药诊疗、纳米材料等领域。然而，合成大于 300bp 的长片段 DNA 序列富有挑战性，科学家们因此开发了多种新兴技术，包括分子组装和克隆技术、使用 TdT 聚合酶的酶促寡核苷酸合成法、吉布森组装法和 DNA 微阵列合成技术等，从而实现长链 DNA 的高效合成。有关 DNA 的合成发展史如图 2.16 所示。

2.4.2 DNA 的数字化存储

前文指出，生物性状是由 DNA 中储存的信息决定的，这给科学家们带来什么启发呢？与人体信息构造一样，数字信息时代离不开 U 盘和芯片等磁性介质来存储和转载数据。云盘也是实质存在于服务器的网络储存空间。今天，随着越来越多的海量数据生成，这些传统的数据载体存在着维护成本高昂、储存量有限、信息解读出错、数据丢失或损坏等缺陷。在一

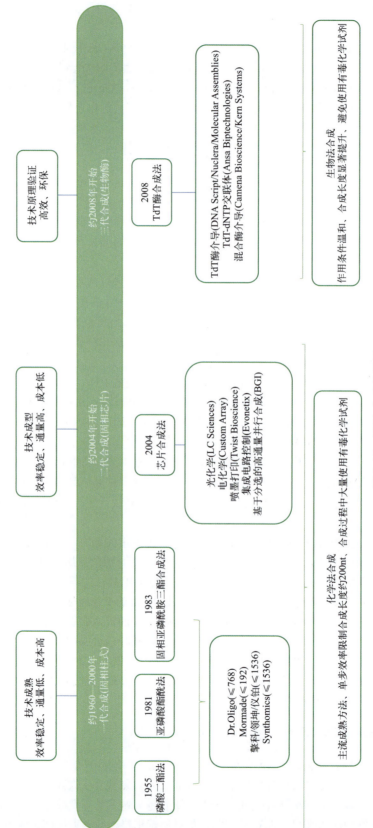

图 2.16　DNA 合成的发展

份年度媒体安全报告中可移动媒体占所有安全事件的 9%，而在去除涉及云服务的事件后，这一比例增加到 20%。大众信任的 USB 设备可能感染恶意软件，然后它们会搜索连接到受害者主机的外部存储设备进行感染并进一步传播。当终端用户将 U 盘从个人设备转移到企业时，安全风险会更大。有没有一种新的信息载体可以解决以上诸多问题呢？基于生物学的 DNA 存储技术应运而生。

DNA 存储技术是一项着眼于未来的具有划时代意义的数据存储技术，它利用人工合成的 DNA（脱氧核糖核酸分子）作为存储介质，具有高效、存储量大、存储时间长、易获取且免维护等优点。

DNA 存储技术与计算机存储有着相似之处：计算机使用的是 0、1、0、1 的二进制算法，DNA 则使用 A、T、G、C 的四进制算法。计算机信息存储有着 ASCⅡ 码表，而 DNA 存储则需要借助编码 20 种氨基酸的密码子表。谈到氨基酸密码子必然要提到著名的美国科学家马歇尔·沃伦·尼伦伯格（Marshall W. Nirenberg），他破译了生命的遗传密码，阐明了它们在蛋白质合成中的作用。尼伦伯格设计合成了只含有尿嘧啶核苷酸 U 这一种核苷酸的 RNA 分子，结果，这种 mRNA 分子生成了只含有苯丙氨酸的多肽链。这个实验说明唯一可能编码苯丙氨酸的核苷酸三联体是 UUU，显然 UUU 就是苯丙氨酸相对应的遗传密码。尼伦伯格不但确定了密码"词典"中的第一个遗传密码，还为 mRNA 的存在提供了第一个证明。尼伦伯格与罗伯特·威廉·霍利（Robert W. Holley）及哈尔·葛宾·科拉纳（Har Gobind Khorana）共同获得了 1968 年的诺贝尔生理学或医学奖。

DNA 凭存储高效低耗的优点很有可能成为我们终极的信息存储设备。事实上，千百万年来，自然界庞大惊人的生物信息就存储在多种多样的生物体 DNA 中。DNA 的存储密度要比其他存储技术高得多，存储时间更长久，而且提取简单。人类只要使用一台普通的 DNA 测序仪，就可以把存储在 DNA 中的数据信息解析出来。同时，由于没有材料或形状的限制，我们可以把 DNA 包裹上特殊材料注入 3D 打印的物件中，方便日常生活的使用。

"斯坦福兔子"（Stanford Bunny）是一种计算机图形学领域广泛采用的 3D 测试模型。2019 年，来自瑞士苏黎世联邦理工学院等的学者，首次将 DNA 作为信息存储工具，注入一只 3D 打印的塑料兔子当中，并且，如果切下塑料兔子身上的任何一部分，都能再次克隆这个兔子。研究人员将斯坦福兔子的 0 和 1 的二进制数据转换为 DNA 中 A、T、C、G 这 4 种碱基的数据，进而将 DNA 片段封装在 160nm 大小的二氧化硅小球内，再嵌入可生物降解的热塑性聚酯中进行 3D 打印。这个兔子硬盘的开发也被称为"万物 DNA"（DNA-of-things）的存储架构，可以生成具有不变记忆的存储材料。

2022 年，天津大学的合成生物学团队优化设计了 DNA 存储算法，来解决 DNA 断裂、降解等风险，实现断裂 DNA 片段的高效从头组装，支持了 DNA 存储的长期可靠性。研究人员将十幅精选敦煌壁画存入 DNA 中，加速老化实验表明这些壁画信息在常温 25℃可保存千年，在低温 9.4℃可保存两万年。这说明用于数字化存储的 DNA 分子可以作为世界上最可靠的数据存储介质之一，让许多面临老化破损危机的珍贵文化遗产信息可以保存长达万年之久。

有关 DNA 的存储发展史如图 2.17 所示。

 知识框 2.5　信息的数字存储

我们日常使用的 U 盘和硬盘是基于磁记录技术来存储数字信息的。文字、图片、视频等信息都是计算机先根据 ASCⅡ 码，将其转化为一串 0 和 1 组成的二进制码，再

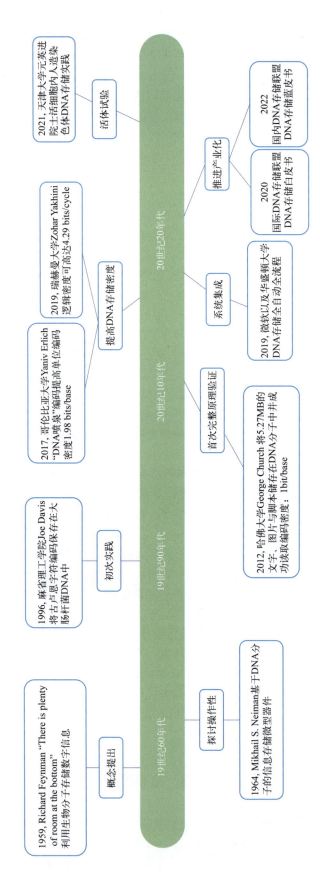

图 2.17 DNA 的存储发展

记录在硬盘上。例如，电影图像是由成千上万个微小的像素组成，每个像素根据其特定的颜色被分配上由 0 和 1 组成的代码 (code)。电影音频也可被分解成微小的信息字节并配对一串 0 和 1 的数字代码。

ASCⅡ 码是一套电脑编码系统，其中的 128 个字符按顺序排列、使用二进制码标记，通过记录二进制码就可以获知记录的数据了。看到这里，你可能会想到早期谍报工作的摩斯电码。在转化成二进制码之后，计算机会通过磁电效应记录这些数据，如果需要拷贝数据，反向操作即可。

DNA 本身由 4 种碱基组成，为了记录遗传信息，A、C、T、G 这 4 种碱基会按不同顺序排列。DNA 复制的时候会解旋，以其中一条链为模板进行转录生成 mRNA，其上相邻的 3 个碱基，即为编码一个氨基酸的最小单位——密码子，而不同顺序排列的密码子就包含着不同的遗传密码信息。

DNA 内的这份氨基酸密码子表，在原理上不就是计算机的 ASCⅡ 码表吗。当 DNA 作为存储介质的时候，这些 0 和 1 的代码被转换成腺嘌呤 (A)、胞嘧啶 (C)、鸟嘌呤 (G) 和胸腺嘧啶 (T) 这些组成 DNA 的化学碱基所对应的符号。这样，DNA 就用来记录数字信息，就可以实现生物分子的数字化转化了。当然，编码的规则并不唯一，比如哈佛大学医学院的科学家乔治·丘奇（George Church）在 2012 年确立了一种翻译规则：用碱基 A、C 编码二进制的 0，碱基 G、T 编码二进制的 1。

目前，全球每年产生的数据需要 4180 亿个 1TB 硬盘才能承装得下，若是把如此庞大的数据放到 DNA 上，只需 1kg DNA 就够了。这是一项着眼于未来、具有划时代意义的存储技术，利用人工设计、化学合成的脱氧核糖核酸（DNA）作为存储介质，具有高效、存储量大、存储时间长、容易获取和维护的诸多优点，DNA 存储技术的未来值得期待！

参考文献

[1] https://www.nobelprize.org.

[2] 詹姆斯·沃森，安德鲁·贝瑞. DNA：生命的秘密 [M]. 陈雅云，译. 上海：上海世纪出版集团，2010.

[3] 刘华清，孙庆山，杨绍华，等. 利用基因组编辑技术定点突变 IPA1 基因创制水稻新株型材料 [J]. 福建农业学报，2019, 34(8): 867-872.

[4] 李沛华，郭雪睿，彭继燕，等. 定点突变技术提高 β-葡萄糖苷酶活性 [J]. 基因组学与应用生物学，2016, 35(8): 2083-2091.

[5] 张宇卉. DNA 双链断裂 NHEJ 修复通路基因与宫颈癌相关性及放射敏感性的研究 [D]. 宁夏：宁夏医科大学，2012.

[6] 薛勇彪，陈非，张聚. DNA 存储技术 [J]. 高科技与产业化，2018, (12): 51.

[7] Griffith F. The significance of pneumococcal types [J]. The Journal of hygiene(Lond), 1928, 27(2): 113-159.

[8] Cobb M, Comfort N. What Rosalind Franklin truly contributed to the discovery of DNA's structure [J]. Nature, 2023, 616: 657-660.

[9] Watson J D, Crick F H C. Molecular structure of nucleic acids-A structure for deoxyribose nucleic acid [J]. Nature, 1953, 171: 737-738.

[10] Walker J. Frederick Sanger (1918-2013)[J]. Nature, 2014, 505(7481): 27-27.

[11] Sanger F, Nicklen S, Coulson A R. DNA sequencing with chain-terminating inhibitors [J]. Proceedings of the National Academy of Sciences of the United States of America, 1977, 74(12): 5463-5467.

[12] McCombie W R, McPherson J D and Mardis E R. Next-generation sequencing technologies [J]. Cold Spring Harbor

Perspectives in Medicine, 2019, 9, a036798.

[13] Kubista M, Andrade J M, Bengtsson M, et al. The real-time polymerase chain reaction [J]. Molecular Aspects of Medicine, 2006, 27(2-3): 95-125.

[14] Schubert J, Fomitcheva V. Differentiation of Potato virus Y strains using improvedsets of diagnostic-PRC-primers [J]. J Virol Mwthods, 2007, 140(1-2): 66-74.

[15] McClintock B. The significance of responses of the genome to challenge [J]. Science, 1984, 226: 792-801.

[16] Evans M J, Kaufman M H. Establishment in culture of pluripotential cells from mouse embryos [J]. Nature, 1981, 292: 154.

[17] Santiago Y, Chan E, Liu P Q, et al. Targeted gene knockout in mammalian cells by using engineered zinc-finger nucleases [J]. Proc Natl Acad Sci USA, 2008, 105(15): 5809-5814.

[18] Christy M, Eric C. DNA media storage [J]. 自然科学进展（英文版），2008(5).

[19] Linn S. Molecular mechanisms of mammalian DNA repair and the damage checkpoints [J]. Annual Review of Biochemistry, 2004: 7339-7385.

[20] Brenda M. The double helix and the 'wronged heroine' [J]. Nature, 2003, 421(6921): 47.

[21] Elkin L O. Rosalind Franklin and the double helix [J]. Physics Today, 2003, 56(3): 42.

[22] Sanger F. DNA sequencing with chain-terminating inhibitors [J].Proceedings of the National Academy of Sciences of the United States of America, 1977, 74(12): 5463-7.

[23] Sanger F. The free amino groups of insulin [J]. The Biochemical journal, 1945, 39(5): 507-515.

[24] Straus N A, Lao K, Yeung V. Multiplexing RT-PCR for the detection of multiple miRNA species in small samples [J]. Biochemical & Biophysical Research Communications, 2006, 343(1).

[25] Nuovo G J, Gallery F, MacConnell P. An improved technique for the in situ detection of DNA after polymerase chain reaction amplification [J].The American journal of pathology, 1991: 1391239-1391244.

[26] Ghosh S. A novel ligation mediated-PCR based strategy for construction of subtraction libraries from limiting amounts of mRNA [J]. Nucleic Acids Research, 1996, 24(4).

[27] Li Z, Pearlman A H, Peggy H. DNA mismatch repair and the DNA damage response [J].DNA repair, 2016: 3894-3101.

[28] Lindahl T, Modrich P, Sancar A, 2016. The 2015 Nobel Prize in chemistry The discovery of essential Mechanisms that repair DNA damage [J]. Journal of the Association of Genetic Technologists, 2016: 37-41.

[29] O'Connor, Mark J. Targeting the DNA damage response in cancer [J]. Molecular cell, 2015, 60(4).547-560.

第 3 章
RNA——遗传信息的传递者

"传播知识就是播种幸福。科学研究的进展及日益扩大的领域将唤起我们的希望,而存在于人类身心的细菌也将逐渐消失。"

——阿尔弗雷德·诺贝尔

"To spread knowledge is to sow happiness. The progress of scientific research and the everexpanding field will awaken our hope, and the bacteria that exist in the human body and mind will gradually disappear."

——Alfred Nobel

"一个人幼年时通过接触大自然,萌生出最初的、天真的探究兴趣和欲望,这是非常重要的科学启蒙教育,是通往产生一代科学巨匠的路。"

——江崎玲于奈(1973 年诺贝尔物理学奖得主)

"When a person is in contact with nature at an early age, he or she develops the first and naive interest and desire to explore, which is a very important scientific enlightenment education, and it is the road to the production of a generation of scientific giants."

——Reona Esaki

核糖核酸（RNA）与上一章讲过的 DNA（脱氧核糖核酸）十分相似，只不过 DNA 结构中的脱氧核糖在 RNA 中多了一个氧原子变成了核糖，DNA 的碱基胸腺嘧啶（T）变成了尿嘧啶（U），其余结构基本相同，这也导致了 DNA 和 RNA 单链也可以结合。DNA 是生命体的主要遗传物质，RNA 是遗传信息由 DNA 传递到蛋白质的传递体，这是它最重要的功能。但除此以外，后来发现有些低等生物，例如让我们谈虎色变的流感病毒、HIV 病毒、新冠病毒等等，它们的遗传物质也是 RNA。后面又陆陆续续发现了许多具有特殊功能的 RNA，涉及了细胞功能的方方面面，RNA 种类、结构和功能的多样性令人惊叹！这也引起了很多科学家的兴趣，他们相继加入到了探究 RNA 秘密的行列里，在解密 RNA 过程中也涌现了很多诺贝尔奖成果，接下来让我们踏上了解 RNA 的神奇之旅吧。

 问一问 3.1

RNA 和 DNA 有哪些主要的不同点？

3.1 RNA 家族

RNA 在几乎所有生命体内都会出现，种类多样，功能丰富。我们不妨先来认识一下 RNA 家族的成员。

RNA 家族目前已经发现二十多位成员，其中最重要的几位是：信使 RNA（mRNA）、转运 RNA（tRNA）以及核糖体 RNA（rRNA），如表 3.1 所示。之所以认为这三位最重要，是因为它们在所有有细胞结构的生物中都存在，对生命活动具有不可或缺的作用。下面我们就分别介绍一下这三种 RNA。

表 3.1　三种 RNA 的主要特征

项目	mRNA	tRNA	rRNA
形貌	直链状	三叶草状	巨大且复杂
功能	作为合成肽链（蛋白质）的模板	识别并运输特定氨基酸	装配蛋白质的工作场所

mRNA 最早发现于 1961 年，它是一段直链结构，负责将遗传信息从 DNA 传递到负责合成蛋白质的核糖体，并且随后作为模板来指导蛋白质的合成（图 3.1）。mRNA 之所以能够获取并传递 DNA 的遗传信息，其实正是利用了 RNA 可以与 DNA 单链结合的这一特点。以 DNA 为模板可以复制出一条对应的 RNA 链，这就是 mRNA 产生的过程，这个生成携带遗传信息的 mRNA 的过程也被称为"转录"，这个我们之后会具体介绍。mRNA 按照自己的碱基序列指导蛋白质的翻译过程，落实到具体操作上，三个连续的碱基称为密码子，一种密码子对应一种氨基酸。

如图 3.2 所示，tRNA 是一段被折叠成三叶草状的 RNA 链，在 1965 年由罗伯特·威廉·霍利（Robert W. Holley）首次分离，并阐明其序列与大致的结构。罗伯特因此贡献而获得 1968 年的诺贝尔生理学或医学奖。tRNA 可以识别特定的氨基酸并将其运输给核糖体和 mRNA 供其合成蛋白质。tRNA 之所以能够与特定氨基酸结合，是因为 tRNA 的 3′ 端有一段可以结合氨基酸中氨基的碱基序列，并且只有用特定的酶催化才能让这段序列与特定氨基酸相连。tRNA 中间环位于整个分子的一段，端点含有三个碱基，我们称之为反密码子，它们可以和 mRNA

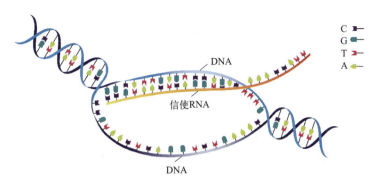

图 3.1　DNA 转录 mRNA 的图解

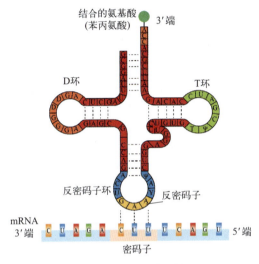

图 3.2　tRNA 的结构

上对应的三个碱基（密码子）结合。这样连续地将对应的氨基酸根据 mRNA 上的碱基排列连接，就可以将 mRNA 中的遗传信息传递到蛋白质的合成上。

 诺奖小故事 3.1　tRNA 的发现

罗伯特·威廉·霍利（图 3.3），美国分子生物学家。霍利的经历向我们诠释了兴趣是最好的老师。他本硕博阶段分别攻读了文学、理学、哲学三个风格迥异的学科，但是对生物的兴趣促使他后期的研究工作越来越偏向生物，最终获得了诺贝尔奖。霍利之所以能获得诺贝尔奖，是因为他发现了丙氨酸 tRNA，之后 10 年，他的工作一直围绕着该 RNA 进行，集中全力去分离该 RNA，然后测定了这种 RNA 的结构。

图 3.3　罗伯特·威廉·霍利

rRNA 是细胞中含量最多的 RNA，它的体形也非常庞大，结构异常复杂，至今仍然不能完全确定其二级、三级结构（图 3.4）。它单独存在时不执行功能，但与相关蛋白质结合时就成为了细胞中的一种细胞器——核糖体，为氨基酸合成蛋白质提供场所。核糖体工作具有精准性，即只有核糖体所在的位置才能加入氨基酸，蛋白质随着核糖体的移动被按顺序合成，这保证了蛋白质合成的有序性，当然这个过程需要 mRNA 和 tRNA 的共同作用。

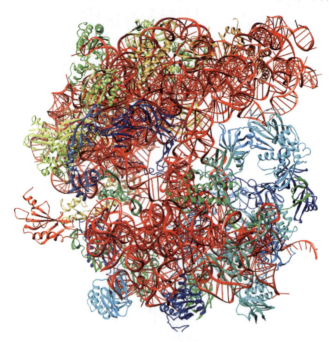

图 3.4　rRNA 结构示意图
根据 PDB 数据库中的 6WNW 编号文件制作

 问一问 3.2

> 信使 RNA（mRNA）、转运 RNA（tRNA）和核糖体 RNA（rRNA）在蛋白质合成中各自扮演什么角色？

3.2　RNA 病毒的一生——转录、逆转录和翻译

　　DNA 与 RNA 和蛋白质在生命体内的地位很重要，它们之间也有千丝万缕的联系。通过上一章的学习，我们知道在大部分生物的体内，DNA 是遗传物质。在了解了几种重要 RNA 后，我们不禁也产生了疑问：RNA 在遗传活动中担任了怎样的角色？与 DNA 又有何关系呢？

　　量子力学中有一条信息守恒定律，简单来讲就是不论如何变化，信息的总量都是不会减少的，只会从一种形式转化为另一种形式。这条定律虽多被用于黑洞理论的研究，但是对遗传信息同样适用。遗传信息储存在 DNA 中，最终表现在蛋白质上，中间的道路虽然曲折，信息却会一直传递下去。1958 年，弗朗西斯·克里克提出了"中心法则"，它描述了 DNA 通过转录将遗传信息传递给 RNA，再通过翻译指导蛋白质的合成，从而行使遗传物质的功能。RNA 作为遗传信息的中转站，传递遗传信息的几种最重要的方式都与其息息相关，包括转录、逆转录（RT）和翻译。接下来，我们以生命结构十分简单的 RNA 病毒为例来了解这些过程。

第3章　RNA——遗传信息的传递者

RNA 病毒的一生其实就是感染和增殖的过程，其中后者是主要内容。RNA 病毒增殖的方式主要包括两种：自我增殖和逆转录。

 问一问 3.3

什么是 RNA 病毒，它们是如何增殖的？

3.2.1　逆转录病毒与转录

第一种 RNA 病毒是逆转录病毒。如图 3.5 所示，它们在侵染宿主细胞后，病毒的 RNA 不会直接以自身为模板进行复制，而是会在逆转录酶的作用下，先以自身为模板逆转录复制出一条 DNA 链，我们称之为 cDNA。病毒在这段 cDNA 组装成完整的双链 DNA 并进行复制之后，不但会用自己携带的整合酶将这段 DNA 融合进宿主细胞的 DNA 内，还会随着宿主 DNA 的转录合成出更多的病毒 RNA。当然，这段 DNA 还会再分裂复制代代传下去，祸及更多细胞。艾滋病病毒就是一种危害巨大的逆转录病毒。

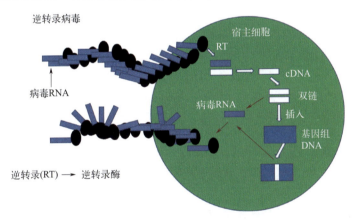

图 3.5　逆转录病毒的复制过程

 诺奖小故事 3.2　HIV 病毒的发现

艾滋病（AIDS）又称获得性免疫缺陷综合征，其病原体是 HIV 病毒。该病毒进入人体后，主要攻击免疫系统中的 CD4 T 淋巴细胞，后者正是人体免疫系统中不可或缺的重要免疫细胞。而缺少了免疫系统的保护，人就极其容易生病而且难以治愈，这便是艾滋病的恐怖之处。

目前人类治愈艾滋病的手段有限，截至 2023 年 2 月，全球仅有 6 例艾滋病治愈病例，因而预防艾滋病才是最为重要的。2008 年，吕克·蒙塔尼（Luc Montagnier）和弗朗索瓦丝·巴尔-西诺西（Françoise Barré-Sinoussi）因发现该病毒而获得诺贝尔生理学或医学奖。令人啼笑皆非的是，功成名就之后的蒙塔尼在晚年逐渐走向了伪科学的路线，公开支持"反疫苗"等荒唐的观点，这也难怪他在获诺奖之后就基本没有再做出什么优质的学术成果了。正应了"有善始者实繁，能克终者盖寡"。

上文我们在探讨逆转录病毒时提及了中心法则中的转录和逆转录，下面我们就来具体学习这两个过程。

以 DNA 为模板合成 RNA 的过程我们称为转录，它发生在生物体的细胞核（真核生物）或拟核（原核生物）内部。转录代表着遗传信息从 DNA 流向 RNA 的过程，包含启动、延伸和终止三部分，如图 3.6 所示。

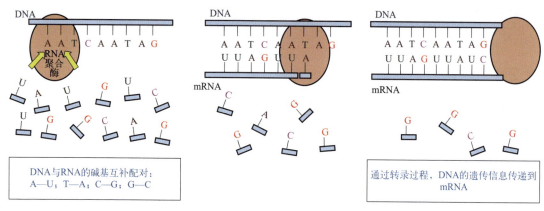

图 3.6　转录过程示意图

转录的启动简而言之就是 RNA 聚合酶识别 DNA 分子上的启动子并与之结合，给出转录开始的信号，这样整个转录的起始位点就确定下来了。

转录的延伸包含两部分，第一部分是 DNA 的双螺旋结构会部分打开产生 DNA 单链结构，打开的幅度不像 DNA 复制时那么大，随后 DNA 单链上的碱基开始根据碱基互补配对原则结合游离的核糖核苷酸分子，RNA 链随之在启动子后开始生成并连接。第二部分是 DNA 自发恢复双螺旋结构，每当一个位置的 RNA 合成完毕脱离 DNA 单链后，就会执行这个过程以维持 DNA 整体结构的稳定性。

转录的终止就是 RNA 延长到了终止子的位置，RNA 停止延长并且释放出来，转录过程到此结束。

而逆转录顾名思义，就是转录的逆过程，即 RNA 病毒以自己的 RNA 链为模板合成 DNA 链的过程。值得一提的是，转录发生在几乎所有生物体当中，但是逆转录只发生在部分 RNA 病毒当中。

 诺奖小故事 3.3　真核生物的转录过程

转录过程在几乎所有生命体中都会发生，真核生物（如动物、植物）的转录比原核生物（如细菌）复杂得多，也更难以研究，主要原因包括真核生物转录发生在细胞核中难以观察，而且由多种 RNA 聚合酶共同完成。因而原核生物转录的探索早在二十世纪五六十年代便完成，而真核生物转录的研究直到 2001 年才有了较大进展，利用较为先进的技术拍下了真核生物转录的动态照片。对此做出巨大贡献的罗杰·科恩伯格（Roger Kornberg）也因此获得了 2006 年的诺贝尔化学奖。

诺奖小故事 3.4　逆转录与癌症

逆转录主要发生在病毒侵染宿主的过程中，病毒以自身的遗传物质 RNA 为模板逆转录合成 DNA 并将其藏入宿主的 DNA 当中，例如对人类危害较大的艾滋病病毒（HIV）就是这样的工作原理。而发现了逆转录酶的戴维·巴尔的摩（David Baltimore）、霍华德·马丁·特明（Howard Martin Temin）（图 3.7）也因此获得了 1975 年诺贝尔生理学或医学奖。可是你知道吗，病毒侵染过程不但可能带来感冒等疾病，甚至可能引起癌症。逆转录病毒是一类能在动物身上产生肿瘤的 RNA 病毒。1916 年，裴顿·劳斯（Peyton Rous）（图 3.7）就从鸡的肉瘤滤出液中发现了第一种逆转录病毒并因此获得了 1966 年的诺贝尔生理学或医学奖。这种病毒在体内的逆转录过程会诱导细胞发生癌变，而被这种逆转录过程影响的基因就属于癌基因的一种。迈克尔·毕晓普（Michael Bishop）和哈罗德·瓦慕斯（Harold Varmus）（图 3.8）就因为发现了逆转录病毒致癌基因的细胞来源而获得了 1989 年诺贝尔生理学或医学奖。

图 3.7　戴维·巴尔的摩、霍华德·马丁·特明和裴顿·劳斯

图 3.8　迈克尔·毕晓普和哈罗德·瓦慕斯

3.2.2　自我增殖病毒和翻译

第二种 RNA 病毒是自我增殖病毒。它们一旦侵染了宿主细胞之后，就会立刻将自己的遗传物质 RNA 变成一段 mRNA，混在宿主细胞正常的 mRNA 里通过翻译合成病毒所需要的外壳蛋白和酶。随后病毒的 RNA 在 RNA 聚合酶的作用下利用宿主细胞内的物质大量复制，最后装配进之前合成的蛋白质外壳侵染更多细胞（图 3.9）。

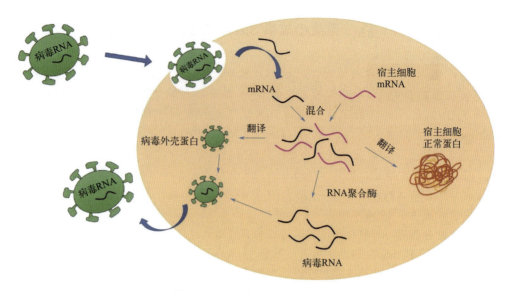

图 3.9　RNA 病毒自我增殖过程

如图 3.10 所示，mRNA 根据携带的遗传信息指导蛋白质合成的过程我们称之为翻译，它发生在内质网（真核生物）或细胞质（原核生物）中。如果把翻译比作工厂的生产任务的话，执行任务过程中使用的工程语言就叫作密码子。落实到具体操作上，密码子是由三个连续的碱基组成，一种密码子对应一种氨基酸。翻译是以 mRNA 为模板，按照 mRNA 的密码子合成具有特定氨基酸顺序的蛋白质，包括翻译起始、肽链延伸、终止与释放三个过程。核糖体是蛋白质合成的场所，我们可以把它想象成工厂的生产车间，而蛋白质就是目标产品，tRNA 是 mRNA 模板和原材料氨基酸之间的接合体，我们可以把它们当作生产工人。接下来让我们分别了解翻译的三个过程吧。

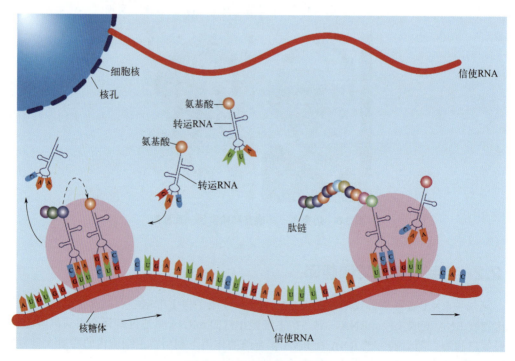

图 3.10　蛋白质翻译示意图

翻译起始源于 tRNA 找到自己的专属氨基酸，并在氨酰-tRNA 合成酶的催化下合成氨酰-tRNA，这样 tRNA 就成功装载了特定氨基酸原料等待合成，其中氨酰-tRNA 合成酶扮演着重要的"中间人"角色，每一种氨酰-tRNA 合成酶既能够识别相应的氨基酸，又能识别与此氨基酸对应的一个或多个 tRNA 分子，严格保证 tRNA 和氨基酸的匹配性。随后，核糖体与 mRNA 在起始因子的作用下结合。最后，与氨基酸中的甲酰甲硫氨酸（原核生物）或甲硫氨酸（真核生物）结合的氨酰-tRNA 率先识别 mRNA 的 AUG 三个连续碱基，这样翻译的起始工作就全部完成。值得一提的是，由于每一次翻译的开始都是 AUG 三个碱基，我们称它们为起始密码子，后面我们还会详细地介绍更多的密码子相关知识。

接下来是肽链的延伸。在首个氨基酸连接完成之后，第二个氨酰-tRNA 也通过碱基配对原则按照 mRNA 模板将对应的第二个氨基酸送来。核糖体释放肽酰转移酶使第二个氨基酸与首个氨基酸形成肽键从而连接到一起，随后携带第一个氨基酸的 tRNA 脱离合成体系，以便搬运更多的氨基酸。同时核糖体沿着 mRNA 的翻译方向移动，让第二个 tRNA 占据已经离开的第一个 tRNA 的位置，这样肽链就延长了一个氨基酸。重复这一过程，肽链就会不断延伸。核糖体的工作效率很高，这个过程也是蛋白质合成过程中速度最快的阶段。有多快呢？兔网织红细胞的一个核糖体合成一条完整的血红蛋白 α-链（含有 146 个氨基酸），所需要的时间是 3 分钟，合成速度约为 0.8 个氨基酸每秒。大肠杆菌具有更快的速度，约为 20 个氨基酸每秒。

最后一步是终止及释放。当核糖体沿着 mRNA 移动过程中遇到 UGA、UAA、UAG 三连碱基之一时，肽链合成停止，核糖体从 mRNA 上解离，准备新一轮的合成反应。UAA、UAG、UGA 是翻译终止的信号，因此被称为终止密码子。

翻译刚完成时合成的肽链没有生物学活性，还需要在高尔基体（真核生物）或细胞质（原核生物）进行进一步的加工修饰才能发挥功能。

从上面的翻译过程可以发现，真核生物和原核生物的翻译过程有很大的不同，表 3.2 总结了较为明显的不同点。

表 3.2　真核和原核生物翻译过程的比较

比较内容	真核生物	原核生物
翻译的场所	内质网（附着的核糖体）	细胞质（游离的核糖体）
与转录是否能同时发生	不能，先转录后翻译	可以，边转录边翻译
起始 tRNA	甲硫氨酰-tRNA	甲酰甲硫氨酰-tRNA
大部分 mRNA 寿命	数小时至数日，较长	几分钟至几小时，较短

原核生物的细胞核没有核膜，细胞核直接和细胞质接触，因而原核生物可以在转录的同时进行翻译，而真核生物由于核膜的存在，只能先合成 mRNA，运输到细胞质中再进行翻译，这种工作的延时性也就同时决定了真核生物 mRNA 的寿命必须较长才行。值得一提的是，真核生物和原核生物的翻译过程还有许多酶和中间产物的区别，在此不再赘述。

经过前面的学习，我们已了解 RNA 病毒复制自己的手段，但是对此我们就无能为力了吗？其实并不是，近年来，一种叫作 RNA 干扰的技术进入了人们的视野。

在前文我们了解到生物体进行转录翻译活动中，mRNA 都是必不可少的，由于生命活动的频繁性，生产出 mRNA 的量也是巨大的，如果这些 mRNA 在细胞内不能快速降解的话，细胞里可就塞满 mRNA 了。因此，细胞就进化出了许多降解 RNA 的手段，其中之一就是在某一种双链 RNA 存在的情况下，细胞会被诱导分解细胞内的这种双链 RNA 对应的单链 RNA，这其实就是 RNA 干扰技术的原理。

问一问 3.4

RNA 干扰技术原理是什么，它有哪些潜在的应用？

病毒完成自身生命活动的落脚点之一是合成必需的蛋白质，如果我们知道合成某种蛋白质对应的 mRNA 序列，向细胞内引入其对应的双链 RNA，这种 mRNA 就在合成蛋白质前被高效降解了，病毒也不能完成增殖过程了。

当然，这种技术也有非常多的应用，比如我们知道癌症是人体内的原癌基因造成的。原癌基因是一组基因，它们发生突变时会导致正常细胞癌变。如果我们知道原癌基因的序列，开发出对应的双链 RNA，或许就能高效预防和治疗癌症。这种技术也可以用于农业生产中，比如我们想抑制农作物某个不良基因的表达也可以利用 RNA 干扰技术。

 诺奖小故事 3.5　mRNA 疫苗

传染病严重危害着人类的身体健康，人类免疫系统进化出一种针对传染病的抵抗机制，即在得过一次疾病后体内就会产生对应的抗体，但得病过程也是存在一定风险的，而疫苗的产生让人类一定程度上不用得某种疾病就可以对该疾病产生免疫。1951 年，马克斯·泰累尔（Max Theiler）（图 3.11）因开发黄热病疫苗获得了诺贝尔生理学或医学奖。

图 3.11　马克斯·泰累尔、卡塔琳·考里科和德鲁·韦斯曼

传统的疫苗通常是给人类接种低毒或灭活的病毒刺激人类产生抗体，然而传统疫苗有小概率的感染风险，并且传统疫苗随着病毒的变异研发速度较慢。然而，我们可以试想一下，如果我们不用完整的病毒而是用病毒生命过程中的某一种蛋白质作为抗原，不也可以让人产生对应抗体吗？至于蛋白质的产生我们可以通过合成其对应的 mRNA 来实现。因而 mRNA 疫苗应运而生。

mRNA 疫苗简单来说就是病毒的一小段有关蛋白质合成的 mRNA 序列，只需要解析病毒的基因序列即可获取，当此段 mRNA 进入人体后，人体以其为模板合成对应蛋白质抗原让人类产生抗体，从而达到免疫效果。其优点有感染风险低、研发周期短、见效快、免疫效力高等等。

然而，mRNA 疫苗的研发过程并不是一帆风顺的，其间遇到了很多困难，其中最大的瓶颈之一在于宿主细胞会将外源 mRNA 识别为外源物质，将其降解，无法发挥疫苗的作用。为了解决这个问题，卡塔琳·考里科（Katalin Karikó）和德鲁·韦斯曼（Drew Weisman）（图 3.11）紧密合作，经过多年的努力发现核苷修饰可以提高 mRNA 稳定性和翻译能力，减少其在宿主细胞内的降解，从而开发出了有效的 mRNA 疫苗。在新冠疫情期间，两款经过碱基修饰的 mRNA 疫苗以超快的速度问世并被广泛应用，其保护效果高达 95%，挽救了很多人的生命。考里科和韦斯曼共同获得了 2023 年的诺贝尔生理学或医学奖。

 知识框 3.1　RNA 适配体与糖尿病

　　糖尿病是令许多人头痛不已的疾病，它不但让人摆脱不了胰岛素针剂，无法正常饮食，同时也可能带来恶劣的并发症。而大部分糖尿病都是由胰岛中的胰岛 β 细胞被破坏无法生成胰岛素而导致的。传统医学手段无法做到精准观察人胰岛 β 细胞的病变情况和部位，而大面积大剂量的治疗可能会引起强烈的免疫反应，因而大部分患者只能靠每日注射胰岛素度日。

　　而所谓 RNA 适配体，是一段可以与目标物质高特异性、高效结合的 RNA 片段，具有灵敏度高、稳定性好、成本低等优势。2022 年，迈阿密医学院的研究人员发现了可以与胰岛 β 细胞内特定物质结合的 RNA 适配体，通过在 RNA 适配体上连接成像片段，可以让医生清晰观察到正常胰岛 β 细胞的分布，从而准确判断患者情况然后精准治疗。后续如果我们在该 RNA 适配体上再连接其他的治疗 RNA 片段，精准治疗胰岛 β 细胞乃至更多其他细胞都会成为可能。

3.3　遗传密码——RNA 奉行的真理

　　我们在学习翻译时讲到了密码子的概念，密码子是遗传密码的重要部分。DNA 向 RNA、RNA 向蛋白质传递的信息称为遗传密码。RNA 发挥自己作用主要就是依靠遗传密码，可以说遗传密码就是 RNA 奉行的真理。接下来我们从大家熟悉的遗传疾病入手以更好地理解遗传密码。

　　英国王室是现存历史最悠久的王室，在英国作为凝聚国家力量的象征。但是你知道吗，英国王室中大量的男性都患有同一种疾病——血友病。这种病的患者身上如果出现伤口就会流血不止，很难愈合。为何整个王室普遍存在这种情况呢？其实，这种病是一种遗传疾病，即家族性的患有某种疾病，病因存在于这个家族的基因当中。

　　遗传病从亲代传给子代代代相传，然而这些病最开始是怎么进入健康人的基因从而传下去的呢？这与遗传密码是否有联系呢？人类的基因有没有什么反制手段呢？带着这些问题我们来进行接下来的学习吧。

　　我们经常能在影视剧中看到传送电报的情节，电报的电码通常由 0～9 的阿拉伯数字组成，每 4 个数字组成一个汉字，当对方收到电码后，通过查阅电码本即可得电报内容。在自然界中，生物信息的遗传和电报传送类似，通过特定的密码，也就是遗传密码来实现。

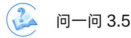 问一问 3.5

什么是遗传密码？

3.3.1 密码子的破译

密码子，也称三联体密码，也就是 mRNA 中的核苷酸序列与多肽中氨基酸序列之间的对应关系。通俗来讲，mRNA 上连续的三个核苷酸可以决定一种氨基酸，这三个核苷酸就叫密码子，这个对应过程就是遗传密码。由于核苷酸之间差别只有碱基，我们有时也用碱基的排列来代表密码子（表3.3）。

表 3.3 碱基排列与密码子

密码子碱基数	可能组合数	能否覆盖所有必需氨基酸	平均每种氨基酸的密码子个数	是否合适
1	4	否	0.2	否
2	16	否	0.8	否
3	64	是	3.2	是
4	256	是	12.8	否

遗传密码破解的方法也不难理解。科研人员利用人工手段合成密码子三联体，并模拟蛋白质合成的过程，根据合成的蛋白质中所含氨基酸的种类就知道该三联体对应的蛋白质，再用核糖体结合技术测定密码子中的核苷酸排列顺序。经过 5 年的努力，在 1965 年完全确定了编码 20 种天然氨基酸的密码子，编出了遗传密码字典。

1968 年的诺贝尔生理学或医学奖颁给了三位科学家：罗伯特·威廉·霍利、哈尔·戈宾·霍拉纳（Har Gobind Khorana），以及马歇尔·沃伦·尼伦伯格（Marshall Warren Nirenberg），以表彰他们在破解遗传密码并阐释其在蛋白质合成中的作用中的贡献。第一位科学家霍利我们在前文已经介绍。

第二位科学家是霍拉纳，他是美国籍分子生物学家。他出生于一个小村庄，家里有兄弟姐妹五人，虽然家贫，但他的父亲仍不遗余力供孩子们上学。他先后在英国利物浦大学、苏黎世联邦理工学院、剑桥大学、威斯康星大学、麻省理工学院进行科研工作。他的科研学习过程，也是不断开拓思想的过程。霍拉纳的最大贡献是人工合成具有重复结构的多聚脱氧核苷酸。

第三位科学家是马歇尔，他是美国生物化学家与遗传学家。马歇尔幼年时即对生物学感兴趣。1948 年获得佛罗里达大学的理学学士学位，1952 年获该校动物学理科硕士学位。1959 年，他开始研究与 DNA、RNA 和蛋白质有关的生物化学过程。他获得了多项荣誉，比如国际科学院的分子生物学奖、美国化学学会的 P. 路易士酶化学奖、国家科学勋章、研究组合奖等等。马歇尔最大的贡献在于证实了在蛋白质合成过程中需要一种特殊的 RNA——信使RNA，合成的信使 RNA 可用以破译遗传密码。

表 3.4 即遗传密码字典。64 个密码子编码 20 种氨基酸，其中有三个密码子并未编码任何氨基酸，它们是终止密码子，代表着翻译过程的结束。

第3章 RNA——遗传信息的传递者

表 3.4 密码子字典

第一位碱基 (5'端)	第二位碱基（中间）				第三位碱基 (3'端)
	U	C	A	G	
U	Phe（苯丙氨酸）	Ser（丝氨酸）	Tyr（酪氨酸）	Cys（半胱氨酸）	U
	Phe（苯丙氨酸）	Ser（丝氨酸）	Tyr（酪氨酸）	Cys（半胱氨酸）	C
	Leu（亮氨酸）	Ser（丝氨酸）	终止	终止	A
	Leu（亮氨酸）	Ser（丝氨酸）	终止	Trp（色氨酸）	G
C	Leu（亮氨酸）	Pro（脯氨酸）	His（组氨酸）	Arg（精氨酸）	U
	Leu（亮氨酸）	Pro（脯氨酸）	His（组氨酸）	Arg（精氨酸）	C
	Leu（亮氨酸）	Pro（脯氨酸）	Gln（谷氨酰胺）	Arg（精氨酸）	A
	Leu（亮氨酸）	Pro（脯氨酸）	Gln（谷氨酰胺）	Arg（精氨酸）	G
A	Ile（异亮氨酸）	Thr（苏氨酸）	Asn（天冬酰胺）	Ser（丝氨酸）	U
	Ile（异亮氨酸）	Thr（苏氨酸）	Asn（天冬酰胺）	Ser（丝氨酸）	C
	Ile（异亮氨酸）	Thr（苏氨酸）	Lys（赖氨酸）	Arg（精氨酸）	A
	Met（甲硫氨酸）	Thr（苏氨酸）	Lys（赖氨酸）	Arg（精氨酸）	G
G	Val（缬氨酸）	Ala（丙氨酸）	Asp（天冬氨酸）	Gly（甘氨酸）	U
	Val（缬氨酸）	Ala（丙氨酸）	Asp（天冬氨酸）	Gly（甘氨酸）	C
	Val（缬氨酸）	Ala（丙氨酸）	Glu（谷氨酸）	Gly（甘氨酸）	A
	Val（缬氨酸）	Ala（丙氨酸）	Glu（谷氨酸）	Gly（甘氨酸）	G

知识框 3.2　破译遗传密码的方法

　　在 1961—1965 年期间，美国国家卫生研究院的海因里希·马太（Heinrich Matthaei）与马歇尔·沃伦·尼伦伯格（Marshall Warren Nirenberg）首次在无生命细胞系统环境下，把一条只由尿嘧啶（U）组成的 RNA 转录成一条只有苯丙氨酸（Phe）的多肽链，从而破解了首个密码子，即 UUU 对应苯丙氨酸。随后美籍印裔科学家霍拉纳按此方法破解了其他密码子，接着 16 岁入大学的少年科学家霍利发现了负责转录过程的 tRNA，至此，编码 20 种天然氨基酸的密码子被完全确定，并由此编出了遗传密码字典。这也正是前文三位科学家获得诺贝尔奖的经过。

　　密码子的翻译其实也是有许多规则的。
　　密码子翻译具有方向性。我们把翻译开始的方向称为 5' 端，翻译结束的方向称为 3' 端。当然翻译的方向就是固定从 5' 端向 3' 端了。这样做的优势也很明显，确定方向翻译不但可以防止反向翻译引起的错误，还可以防止翻译中的核糖体相向而行从而"撞车"。
　　密码子翻译具有连续性。密码子之间没有任何起"标点"作用的空格，阅读 mRNA 时是连续的，一次阅读 3 个碱基。
　　在绝大多数生物中，密码子翻译具有不重叠性，即每个碱基只属于一个密码子而不能同时属于相邻的两个密码子。但是，在少数大肠杆菌噬菌体的 RNA 基因组中，部分基因的遗传密码是重叠的。

3.3.2 密码子的性质

遗传密码本身具有简并性。通俗地讲，简并性就是同一个氨基酸对应着多个密码子。从表 3.4 可以看出，除 Met 和 Trp 外（密码子分别是 AUG 和 UGG），每个氨基酸都由两个或更多的密码子编码。同一个氨基酸的不同密码子称为同义密码子。同义密码子的意义在于即使某个碱基突变了，对应的密码子也会改变，但是其对应的氨基酸可能不变，因此，简并性可以减少基因突变对生物体的影响。

密码子的简并性往往体现在密码子的第三位碱基上。那怎么理解这个呢？我们可以通过遗传密码字典来获得解答，如丝氨酸（Ser）有四个密码子，但是这四个密码子的前两位碱基一样，都是 U 和 C，差别就在于第三位碱基不一样，同理还有脯氨酸（Pro）、苏氨酸（Thr）和丙氨酸（Ala）。所以，遗传密码的简并性往往体现在密码子的第三位碱基上。因而反过来看，密码子的专一性就取决于前两位碱基，那么几乎所有氨基酸的密码子都可以用前两位碱基来表示了。

当 mRNA 上的密码子与 tRNA 上的反密码子配对时，密码子的第一位、第二位碱基配对严格，第三位碱基可以有一定变动，"分子生物学之父"克里克称这种现象为密码子的变偶性。tRNA 反密码子中除 A、U、G、C 四种碱基外，还经常在第一位出现次黄嘌呤 (I)。I 可以与 A、U、C 三者之间形成碱基对，使带有次黄嘌呤的反密码子可以识别更多的简并密码子。那变偶性有什么意义呢？我们试想一下，如果不存在变偶性，每个密码子都对应一种 tRNA，那么多种 tRNA 就要运送同一种氨基酸，这对于细胞是极大的浪费。而由于变偶性的存在，细胞内只需要 32 种 tRNA，就能识别 61 个编码氨基酸的密码子。原核和真核细胞都只合成约 30 种带有反密码子的 tRNA，这样便大大减少了 tRNA 的种类，提高蛋白质翻译的效率。

知识框 3.3　遗传密码扩充

> 我们都熟知 DNA 上的碱基只有 A 和 T、C 和 G 两种搭配方式。然而，我们是不是能够创造出一对可以互补却并非 A、T 或 C、G 的碱基对添加到 DNA 中呢？2019 年 2 月，美国的研究团队创造了 S 和 B 这一对可以互补的碱基对并且成功插入 DNA 中，而 2 年前该团队就已经合成了 Z 和 P 这一碱基对并且成功整合进 DNA。难能可贵的是，插入新碱基的 DNA 分子仍然可以保持双螺旋结构并正常进行自我复制。这项成果意味着，人们一直坚信的 DNA 四碱基系统可能要进化，人们可以用更加丰富的碱基对储存更多的遗传信息，创造更多的奇迹。

除了以上性质之外，遗传密码还具有通用性与变异性。通用性是指各种低等和高等生物，包括病毒、细菌及真核生物，基本上共用一套遗传密码。而正因为遗传密码的通用性，人们才能将不同生物间的基因片段连接，构建出高品质的转基因动物和植物。变异性是指目前已知细胞内的线粒体 DNA 的编码方式与通用遗传密码子有所不同，具体的原因还在探究中，这也体现了生命科学的多样性。

在了解了遗传密码这么多性质后，我们回到最开始的问题。健康人的基因产生病变是由于基因突变，如果这种突变正好发生在精子、卵子或者受精卵中，这种突变就会传给后代，随之代代相传。但是生命体对此并非毫无抵抗之力，在漫长的进化过程中发展了精准的自身防错系统。氨基酸的性质通常由密码子的第二位碱基决定，简并性由第三位碱基决定。这使得密码子中一个碱基被置换，其仍然可能编码相同的氨基酸，或以物理化学性质最接近的氨基酸相取代，这样就能降低基因突变产生遗传疾病的可能性。由此看来，生命本身就是富有智慧的。

 知识框 3.4　线粒体遗传疾病及其治疗

你知道吗？我们细胞里的线粒体拥有自己独立的基因组，负责编码 13 种有关能量代谢的重要蛋白质。但是，正如细胞核内的 DNA 可能会病变一样，线粒体内的独立 DNA 也可能会变异产生疾病。Leber 遗传性视神经病、共济失调舞蹈病、骨骼肌溶解症等几十种致命的遗传疾病都是由线粒体的病变所造成。目前来说，这些致命的疾病一旦发现大都无法治愈，只有通过在精子和卵子时期就替换卵细胞中的遗传物质来预防疾病。目前科学家正在研究线粒体基因编辑技术，通过病毒载体修改特定的基因片段，或许为治愈这一类线粒体遗传疾病提供新的思路。

通过本章的学习，我们了解了中心法则，即 DNA 和 RNA 之间的桥梁——转录和逆转录以及 RNA 和蛋白质之间的纽带——翻译，并对遗传密码进行了较为深入的了解。同时，我们也了解了 RNA 和 RNA 病毒以及相关疾病治疗的知识。千百年来，我们惧怕着疾病，惧怕着疾病背后的病毒，然而当我们深入研究之后，发现这些疾病都是有可能治愈的。相信在将来，我们能够完全了解细胞内的物质和信息传递，用先进的生物医疗手段，治疗各种疑难杂症，从而消除人们对于疾病的恐惧。在学习完 DNA 和 RNA 后，生命活动实际的执行者蛋白质又是怎样发挥它的作用的呢？我们不妨留到下章揭秘。

参考文献

[1] https://www.nobelprize.org.

[2] Ahlquist, P. Parallels among positive-strand RNA viruses, reverse-transcribing viruses and double-stranded RNA viruses. Nature Reviews Microbiology, 2006, 4: 371.

[3] Baltimore D. Viral RNA-dependent DNA Polymerase: RNA-dependent DNA polymerase in virions of RNA tumour viruses. Nature, 1970, 226: 1209.

[4] Baum J A, Bogaert T, Clinton W, et al. Control of coleopteran insect pests through RNA interference. Nature Biotechnology, 2007, 25: 1322.

[5] Brenner S, Barnett L, Katz E R, et al. UGA: A third nonsense triplet in the genetic code. Nature, 1967, 213: 449.

[6] Brenner S, Jacob F, Meselson M. An unstable intermediate carrying information from genes to ribosomes for protein synthesis. Nature, 1961, 190: 576.

[7] Cramer P, Bushnell D A, Kornberg R D. Structural basis of transcription: RNA polymerase II at 2.8 Ångstrom resolution. Science, 2001, 292: 1863.

[8] Crick F. Central dogma of molecular biology. Nature, 1970, 227: 561.

[9] Crick F. On protein synthesis. Symp Soc Exp Biol. 1958, 12: 138-163.

[10] Crick F, Barnett L, Brenner S, et al. General nature of the genetic code for proteins. Nature, 1961, 192: 1227.

[11] Dai X, Zhu M, Warren M, et al. Reduction of translating ribosomes enables *Escherichia coli* to maintain elongation rates during slow growth. Nature Microbiology, 2016, 2: 16231.

[12] Fire A, Xu S, Montgomery M K, et al. Potent and specific genetic interference by double-stranded RNA in *Caenorhabditis elegans*. Nature, 1998, 391: 806.

[13] Gillies S, Bullivant S, Bellamy A R. Viral RNA polymerases: electron microscopy of reovirus reaction cores. Science, 1971, 174: 694.

[14] Gnatt A L, Cramer P, Fu J, et al. Structural basis of transcription: an RNA polymerase Ⅱ elongation complex at 3.3 Å resolution. Science, 2001, 292: 1876.

[15] Holley R W, Apgar J, Everett G A, et al. Structure of a ribonucleic acid. Science, 1965, 147: 1462.

[16] Hoshika S, Leal N A, Kim M J, et al. Hachimoji DNA and RNA: A genetic system with eight building blocks. Science, 2019, 363: 884.

[17] Huet T, Cheynier R, Meyerhans A, et al., Genetic organization of a chimpanzee lentivirus related to HIV-1. Nature, 1990, 345: 356.

[18] Jackson R J, Hellen C U T, Pestova T V. The mechanism of eukaryotic translation initiation and principles of its regulation. Nature Reviews Molecular Cell Biology, 2010, 11: 113.

[19] Karikó K, Buckstein M, Ni H, et al. Suppression of RNA recognition by toll-like receptors: the impact of nucleoside modification and the evolutionary origin of RNA. Immunity, 2005, 23: 165.

[20] Lafontaine D L J, Tollervey D. The function and synthesis of ribosomes. Nature Reviews Molecular Cell Biology. 2001, 2: 514.

[21] Liu L F, Wang J C. Supercoiling of the DNA template during transcription. Proceedings of the National Academy of Sciences of the United States of America, 1987, 84: 7024.

[22] Matthaei J H, Nirenberg M W. Characteristics and stabilization of DNAase-sensitive protein synthesis in *E. coli* extracts. Proceedings of the National Academy of Sciences, 1961, 47: 1580.

[23] Modrow S, Falke D, Truyen U, et al. Viruses with single-stranded, positive-sense RNA genomes. Molecular Virology. Springer Berlin Heidelberg, Berlin, Heidelberg, 2013: 185.

[24] Nirenberg M W, Matthaei J H. The dependence of cell-free protein synthesis in *E.coli* upon naturally occurring or synthetic poly ribonucleotides. Proceedings of the National Academy of Sciences, 1961, 47: 1588.

[25] Roeder R G, Rutter W J. Specific nucleolar and nucleoplasmic RNA polymerases. Proceedings of the National Academy of Sciences of the United States of America, 1970, 65: 675.

[26] Rous P. A sarcoma of the fowl transmissible by an agent separable from the tumor cells. Journal of Experimental Medicine, 1911, 13: 397.

[27] Spector D H, Varmus H E, Bishop J M. Nucleotide sequences related to the transforming gene of avian sarcoma virus are present in DNA of uninfected vertebrates. Proceedings of the National Academy of Sciences, 1978, 75: 4102.

[28] Temin H M, Mizutani S. Viral RNA-dependent DNA polymerase: RNA-dependent DNA polymerase in virions of Rous Sarcoma Virus. Nature, 1970, 226: 1211.

[29] Van Simaeys D, De La Fuente A, Zilio S, et al. RNA aptamers specific for transmembrane p24 trafficking protein 6 and Clusterin for the targeted delivery of imaging reagents and RNA therapeutics to human β cells. Nature Communications, 2022, 13: 1815.

[30] Weigert M G, Garen A. Base composition of nonsense condons in *E. coli*: evidence from amino-acid substitutions at a tryptophan site in alkaline phosphatase. Nature, 1965, 206: 992.

[31] Zhu M, Dai X, Wang Y P. Real time determination of bacterial in vivo ribosome translation elongation speed based on LacZα complementation system. Nucleic Acids Research, 2016, 44, e155.

第 4 章
蛋白质——生物信息的表达

"如果我拥有的一千个想法中能有一个想法是好的,那我就满意了。"

——阿尔弗雷德·诺贝尔

"If I have a thousand ideas and only one turns out to be good, I am satisfied."

——Alfred Nobel

"当对身体的损害发生时,医学可以用一种非常具体的方式来治疗疾病。但是,端粒长度将许多因素结合在一起,给你提供了一个现在逐渐显现出来的一系列通常会共同发生的许多疾病风险的总体情况,例如糖尿病和心脏病。"

——伊丽莎白·布莱克本(2009 年诺贝尔生理学或医学奖得主)

"Medicine has been successful by treating diseases in a very specific way once the damage is done. But telomere length integrates a lot of factors together and gives you an overall picture of risk for what is now emerging as a lot of diseases that tend to occur together, such as diabetes and heart disease."

——Elizabeth Blackburn

蛋白质，多么熟悉的词。作为一种承担重要生命功能的大分子，同时也是人类食物中的重要营养物质，蛋白质构成了机体的各种组织，没有它就没有生命。它可以如此有益，也可以产生很大的危害，这些作用都是怎么产生的呢？

回顾中心法则我们可以发现，在遗传信息的传递过程中，核酸储存和传递了遗传信息，而最终生命功能的发挥，则需要依赖蛋白质。如果我们把细胞看成一座工厂的话，那么核酸就是工厂的蓝图，糖类为工厂的运转提供了动力，而蛋白质则是从事直接生产的机器，也就是分子机器（图4.1）。

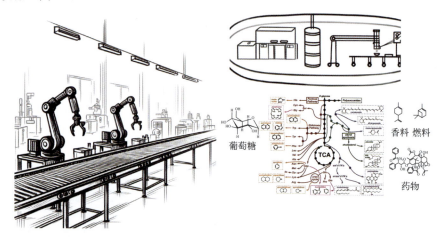

图 4.1　人类的工厂与细胞工厂

蛋白质这样的分子机器是什么样子的？我们如何让其为我们所用呢？

4.1　蛋白质结构

我们常把酸甜苦辣咸作为人生百味，但其实"辣"不是一种味觉而是痛觉。我们常用"火辣辣的"来形容吃到辣味食品时的感受，也常用此形容太阳晒到身上的灼烧感。殊不知人体检测两种变化的机制，异曲同工。

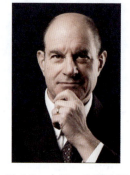

图 4.2　大卫·朱利叶斯

2021年诺贝尔生理学或医学奖得主生理学家大卫·朱利叶斯（David Julius）（图4.2）基于在摄入辣椒素时会引发口腔灼烧感的辣椒素受体（一种同信号分子结合引起细胞功能变化的蛋白质分子）感知热量且引发疼痛感这一机制，从分子尺度上入手，尝试和理解疼痛感，最后成功鉴定辣味成分受体的基因并研究相应蛋白质的功能，由此找出人体中对温度和疼痛感受的离子通道蛋白 TRPV1 和 TRPM8。而与他共获此奖的阿登·帕塔普蒂安（Ardem Patapoutian）则是通过压敏细胞发现了可以对皮肤和内部器官中的机械刺激作出反应的新型传感器，即离子通道蛋白 Piezo1 和 Piezo2。

 知识框 4.1　味觉相关蛋白

钙稳态调节蛋白 2（CALHM 2）（图4.3）在处理味觉刺激和减轻脑细胞毒性方面起着关键作用，工作原理是感知周围环境中的化学和电变化（比如味蕾的变化），然后将信息传递回大脑。它们还有助于调节中枢神经系统中的钙浓度和β-淀粉样蛋白水平。先前的研究表明,钙稳态调节蛋白的异常变化,以及由此引起的钙失调或β-淀粉样蛋白的积累,都可能导致阿尔茨海默病、脑卒中和其他神经系统疾病。

图 4.3 钙稳态调节蛋白 2 的近原子分辨率结构

朱利叶斯和帕塔普蒂安的研究不仅为温度感知和机械感知提供了分子和神经基础,还引领了神经科学领域的变化。根据已发现的感觉受体,朱利叶斯鉴定出了在肠易激综合征、关节炎和癌症等疾病中与慢性疼痛相关的特定细胞靶点。他的团队为研发新一代精准止痛药建立了坚实的理论基础。除此之外也已有辣椒碱乳膏等药品应用于临床,TRPV 通路成为目前皮肤科研究的热点。

为什么对一个小小蛋白质的了解与研究,可以引发如此多的连锁效应,推动多个领域的学科研究进程?可能我们要先从蛋白质的基础结构开始讲起,才能让人体会到蛋白质蕴含的无穷奥秘。

首先我们需要知道,蛋白质的结构主要分为四级(图 4.4)。形成肽键的氨基酸序列是蛋白质的一级结构,多肽链骨架盘绕折叠所形成的有规律的结构则是蛋白质的二级结构,多肽链的三维构象是蛋白质的三级结构,而四级结构则是在三级结构的基础上通过非共价键将不同多肽链联系起来的聚合体。

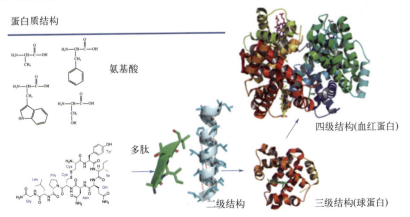

图 4.4 典型蛋白质结构

4.1.1 一级结构

一级结构又称初级结构（primary structure），指形成肽链的氨基酸序列，即蛋白质分子中氨基酸残基的顺序，包括肽链中氨基酸的数目、种类和顺序。一般认为，蛋白质一级结构（氨基酸序列）中含有形成高级结构全部必需的信息，蛋白质一级结构决定高级结构及功能。

4.1.2 二级结构

二级结构（secondary structure）是指多肽链骨架盘绕折叠所形成的有规律性的结构。在蛋白质分子区域内，多肽链沿一定方向盘绕和折叠并在多肽链的原子之间形成氢键，将多肽链骨架固定在适当位置。最基本的二级结构类型有 α- 螺旋和 β- 折叠，两种构象均由氢键维持。此外还有 β- 转角和自由回转。超二级结构是指蛋白质分子中的多肽链在三维折叠中形成的有规则的二级结构聚集体。

4.1.3 三级结构

蛋白质的三级结构（tertiary structure）是整个多肽链的三维构象，它是在二级结构的基础上，多肽链进一步折叠卷曲形成的复杂的三维结构。氨基酸侧链之间的相互作用导致三级结构的形成，当蛋白质折叠时，它们之间形成键，包括氢键、离子键和二硫键。二硫键是在含硫侧链之间形成的共价键，比其他类型的键强得多，是蛋白质三级结构的固定键。

4.1.4 四级结构

蛋白质的四级结构（quaternary structure）指数条具有独立的三级结构的多肽链通过非共价键相互连接而成的聚合体结构。许多蛋白质是由一条多肽链组成的，不具有四级结构。然而，一些蛋白质由多条多肽链组成。当几条多肽链（也就是亚基）结合在一起时，它们可以形成更复杂的四级结构。

4.2 蛋白质结构和解析

蛋白质特定的构象和功能是由其一级结构所决定的。一部分氨基酸残基直接参与构成蛋白质的功能活性区，它们的侧链基团即蛋白质的功能基团，这种氨基酸如被置换会直接影响蛋白质的功能；另一部分氨基酸残基在蛋白质构象中处于关键位置，这种残基一旦被置换会影响蛋白质的构象，从而影响蛋白质的功能。因此一级结构不同的各种蛋白质，它们的结构和功能不同；反之，一级结构大体相似的蛋白质，它们的结构和功能也可能相似。例如，来源于不同动物种属的胰岛素，它们的一级结构不完全一样，但其组成的氨基酸总数或排列顺序却很相似，从而使其基本结构和功能相同。

蛋白质的三维结构决定其生物学功能。执行特定生物学功能的蛋白质都有一定的空间构象。某些蛋白质在执行功能时，空间构象也会发生一些微妙的变化，如血红蛋白在与氧气结合后构象会发生变化。

对蛋白质的结构有了一些了解后，很多人都会有一个问题，科学家们是怎样将一个肉眼不可见的物体分出多级结构的呢？

也许将蛋白质看作分子大小的机器有助于我们对它的结构进行解析。在现实生活中，根据功能的不同，机器的大小结构相差很大，大到矿山、港口机械上几十米的传动轴、吊臂等，小到电路板上微米甚至纳米大小的元件。对于蛋白质而言，参与不同生命活动，其结构差别也很大。对于宏观尺度的机器，我们可以通过拆解，绘制出机器的结构图。那么，对于蛋白质这种分子机器，我们怎么绘制出它的结构呢？

对于普通的机器及其零件我们的观测通过肉眼便可进行，但是对于蛋白质这样的分子，要想得到它的结构需要先知道每个原子在空间中的排布方式，而这就涉及了衍射极限。

知识框 4.2　人眼成像极限

在我们人眼"看"一个物体时，我们的观察的极限是由视网膜上视神经轴突的间距决定的。一千多年前人们把透明水晶或宝石磨成"透镜"，用于放大影像。光学显微镜的研究使微生物国度的大门向人类敞开。

人眼的成像作用可以等价于一个单凸透镜。通常人眼睛的瞳孔直径为 1.5～6mm（视入射光强的大小而定）。当人眼瞳孔直径为 2mm 时，对波长 $\lambda=0.55\mu m$ 的光波最敏感，按式可以算得人眼的最小分辨角 α_e。

$$\alpha_e = 1.22 \frac{\lambda}{D} = 3.4 \times 10^{-4} \text{ rad}$$

通常由实验测得的人眼最小分辨角约为 2.9×10^{-4} rad，与计算结果大致相符。

用原子直径除以衍射角可得到理论数值 303nm，此数据说明理论上人眼距原子 303nm 时能看到原子，但是这不包括前提条件：将肉眼视为质心，以及单个原子光线足够强，可以满足被观测到的最小亮度。

因此，用肉眼观测原子可谓无稽之谈。

电子显微镜衍射极限可以达到 0.1nm，放大倍数（光学放大倍数是指我们从显微镜目镜中观测到物体被放大后的倍数）可以达到 1500 万倍。科学家已经可以通过低温电子显微镜的技术拍摄到蛋白质当中的原子结构（图 4.5）。但是还不够，为了更加清晰地"看"到蛋白质的结构，我们还需要进一步提高分辨率。传统成像方法已不能满足得到精细结构的需求，X 射线衍射的方法应运而生。通过 X 射线衍射法可间接地研究蛋白质晶体的空间结构。

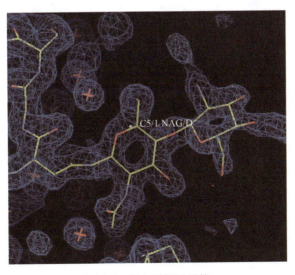

图 4.5　蛋白质原子结构

X射线衍射法的原理是X射线管产生各种波长的X射线，经过滤波器得到一定波长的单色X射线，X射线透过晶体时，晶体还可以成为"光栅"，令X射线产生规律衍射，用照相机拍摄，就能够得到衍射图了。通过对衍射斑点的位置与强度的测定与计算，并参照化学分析的结果，就可以确定蛋白质的晶体结构。

"规律排布"是X射线衍射应用的重点，想要利用X射线衍射测得信息就需要得到相应的分子晶体，但是我们显然无法操纵原子令其规律排布。

水晶、食盐、冰糖都是常见的晶体，但是生活中常见的固体蛋白质，如蛋白粉、奶粉等，却鲜有结晶状态的，那么我们能否使蛋白质结晶呢？

答案是——当然可以。

脲酶也叫尿素酶，能够催化水解尿素，是第一个被结晶出晶体的蛋白质。1926年美国生物化学家詹姆斯·萨姆纳（James B. Sumner）第一次获得脲酶的结晶，随后他又提纯了辅酶、氧化酶、蔗糖酶。在那个时代，人们并不知道"酶"这种生物催化剂的化学本质。正是萨姆纳的工作证明这些晶体的主要成分就是蛋白质，他还推测其他酶也是蛋白质。由于发现酶的化学本质，萨姆纳于1946年获得诺贝尔化学奖。

同年的诺贝尔化学奖也授予了美国洛克菲勒医学研究所的约翰·霍华德·诺思罗普（John Howard Northrop）和温德尔·梅雷迪思·斯坦利（Wendell Meredith Stanley）（图4.6），以表彰他们制备了高纯度的酶和病毒蛋白质。诺思罗普1930年从猪的胃中提取到纯蛋白质晶体，证实是胃蛋白酶，随后分离并结晶了胰蛋白酶和胰凝乳蛋白酶及其前体，从而结束了有关酶的化学性质的争论。他还在1938年第一次分离出细菌病毒，首次精制了晶状白喉抗毒素，证明酶活性是蛋白质分子本身的性质，由此确定了酶的核蛋白性质与化学反应规律。而斯坦利1935年使烟草花叶病毒结晶，并证实它是蛋白质及核酸分子聚集体而成为杆状结构，通过使病毒颗粒结晶可以得到规律排列的结构，使后来的科学家可以利用X射线衍射等方法来确切地查明多种病毒精细的分子结构及繁殖方式，为分子病毒学和分子生物学的诞生奠定了基础。此外，斯坦利还研究了流感病毒，研制了一种流感疫苗。他推测：病毒可能是地球生命的第一种形式。他的发现使人类在了解生命的本质方面又向前跨进了一大步。

图4.6　约翰·霍华德·诺思罗普和温德尔·梅雷迪思·斯坦利

1946年同一个奖项的获得者分别开创了不同的研究领域，这可能就是诺贝尔奖能够历久弥新的原因吧。

有趣的是这三个人都是美国生物学会的注册会员，他们获奖的理由"病毒蛋白"也是正经的生物学方向，这使得很多人讨论这一届的诺贝尔化学奖是不是被"抢"了奖项。不过后来更多奖项的获奖者都有丰富的学科交叉背景，整个20世纪后半叶的诺贝尔化学奖都带有强烈的物理化学、生物化学的色彩，可以说打破单一专业桎梏是科学发展的大势所趋。

经过技术的发展，我们现在知道，生活中的蛋白质不能结晶主要是因为它们通常成分复杂，并不是一种纯的物质。现代生物化学家已经可以通过复杂的分离纯化过程，得到均一的蛋白质并进行结晶。

 知识框 4.3 蛋白质结晶方法

分批结晶（batch crystallization）：这是最老的最简单的结晶方法，其原理是同步地在蛋白质溶液中加入沉淀剂，立即使溶液达到一个高过饱和状态。

液-液扩散（liquid-liquid diffusion）：这种方法中，蛋白质溶液和含有沉淀剂的溶液是彼此分层在一个有小孔的毛细管中，一个测熔点用的毛细管一般即可。

悬滴法（the hanging drop method）：这种方法中，在一个硅烷化的显微镜盖玻片上通过混合 3~10μl 蛋白质溶液和等量的沉淀剂溶液来制备液滴。沉滴法（the sitting drop method）在悬滴法中，如果蛋白质溶液表面张力很小就会在盖玻片表面展开。

透析法（dialysis）：除了上述使得蛋白质结晶的方法，还有许多透析技术。透析的优点是沉淀溶液容易改变，对于适量的蛋白质溶液（多于 0.1ml），可用透析管完成。

随着蛋白质研究方法和技术的发展，科学家已经可以研究更加复杂的蛋白质结构。约翰·戴森霍弗（Johann Deisenhofer）、罗伯特·休伯（Robert Huber）、哈特穆特·米歇尔（Hartmut Michel）（图 4.7）三位科学家由于解析光合中心的三维立体结构获 1988 年的诺贝尔化学奖。

图 4.7　戴森霍弗、休伯以及米歇尔

这是继卡尔文（Melvin Calvin）研究光合二氧化碳同化途径获得 1961 年度诺贝尔化学奖以来另一个直接授予光合作用研究成就的诺贝尔奖。光合中心是一个膜蛋白，含有 4 个蛋白质亚基和众多辅因子，因此是四级结构，其分子质量达到 143kDa，图 4.8 为其立体图。光合中心分子结构的解析部分解开了光合作用之谜，有助于阐明光合作用这一驱动生物圈运转的主要动力的运行机制。

2002 年的诺贝尔化学奖由三位研究者获得。弗吉尼亚大学的约翰·芬恩（John Fenn）和日本岛津制作所的田中耕一（Koichi Tanaka）（图 4.9）发明了对生物大分子的质谱分析法。芬恩对成团的大分子施加强电场，田中耕一用激光轰击成团的生物大分子，两种方法异曲同工，都能使生物大分子完整分离。而瑞士的库尔特·维特里希（Kurt Wüthrich）（图 4.9）发明了利用核磁共振技术测定溶液中生物大分子三维结构的方法。

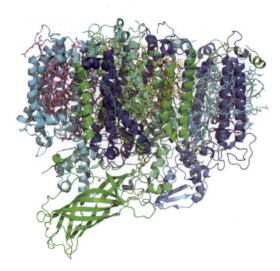

图 4.8　完整光合反应中心复合体的立体图

图 4.9　约翰·芬恩、田中耕一、库尔特·维特里希

在这之前，质谱和核磁分析多应用于化学领域的小分子和中型分子，由于生物大分子数量级是小分子的两三倍，因此难以应用于生物大分子。这两项技术极大推动了生物学研究的进程。

罗德里克·麦金农（Roderick MacKinnon）（图 4.10）因为对离子通道结构功能的研究得到 2003 年的诺贝尔化学奖，探究过程中使用的方法，称为 X 射线晶体学，已经成为成熟的结构生物学方法。麦金农利用该技术获得了世界第一张离子通道的高清晰度照片，并第一次从原子层次揭示了离子通道的工作原理。图 4.11 为离子通道结构图。说到离子通道，其由细胞产生的特殊蛋白质构成，它们聚集起来并镶嵌在细胞膜上，中间形成水分子占据的孔隙，这些孔隙就是水溶性物质快速进出细胞的通道。离子通道的活性，就是细胞通过离子通道的开放和关闭调节相应物质进出细胞速度的能力，对实现细胞各种功能具有重要意义。

图 4.10　罗德里克·麦金农

除了 X 射线晶体学之外，科学家还可以通过其他方法得到生物大分子的原子分辨率的结构，包括使用核磁共振和冷冻电镜。目前通过对不同的蛋白质进行纯化、结晶，已经有超过 15 万个生物大分子结构通过 X 射线晶体学得到解析。生物大分子的多种多样的功能与其结构有着密切的关系，生物大分子的结构一经测

图 4.11　离子通道的结构侧视和顶视图

紫色圆球为钾离子

定，就可根据需求在实验室中进行人工合成。这些结构均收录在蛋白质数据库（Protein Data Bank，PDB）中。这是一个通过 X 射线单晶衍射、核磁共振、电子衍射等实验手段确定的蛋白质、多糖、核酸等生物大分子的三维结构数据库，其收录内容包括生物大分子的原子坐标、参考文献、一级和二级结构信息，也包括了晶体结构因数以及核磁共振实验数据等。

蛋白质的结构可以应用于结构基因组学的研究，可以用于蛋白质设计，而蛋白质的序列可让人们获得遗传信息，利用基因工程构建蛋白质表达系统。得益于这些蛋白质结构信息，我们才切切实实地"看"到了蛋白质长什么样子，从而可以在分子乃至原子的水平上分析蛋白质的作用机制，理解生命这台自动化机器的运作原理。更重要的是，了解了疾病相关蛋白质的结构，就可以根据结构进行有针对性的药物小分子设计，让药物与蛋白质具有更强的相互作用，从而获得最佳的药效。而这样一个开放、全面的数据库，也作为一种"大数据"的来源，在人工智能时代为各种先进的蛋白质结构预测与设计的算法提供训练数据。图 4.12 为近年 PDB 中生物大分子结构数量统计。

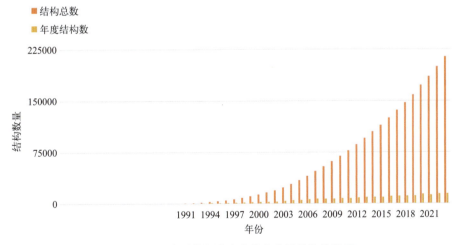

图 4.12　蛋白质数据库中生物大分子结构的数量

4.3　蛋白质结构预测

4.3.1　蛋白质结构预测的发展

随着计算机科学技术的不断发展，人工智能不断进步，阿尔法折叠（Alpha Flod）的横空出世带来了更高效的蛋白质结构预测手段。阿尔法折叠是深度思维（DeepMind）公司开发的一种神经网络，专门用于根据蛋白质的氨基酸序列精确解析蛋白质的3D结构。

相比阿尔法折叠，深度思维公司更为世人所熟知的产品可能是阿尔法狗（AlphaGo）。它被开发出来后挑战欧洲的围棋冠军，赢了，接着在2016年又挑战韩国的围棋高手李世石，在众人都不看好它的情况下，4∶1打败李世石。2017年中国围棋的翘楚柯洁也被阿尔法狗"斩于马下"，可见人工智能的来势汹汹。而在生命领域上，同样带来巨大进步的人工智能软件阿尔法折叠2（AlphaFold2，是阿尔法折叠的迭代版本）以及与它齐名的罗塞塔（RoseTTAFold）点亮了人们的期许。

知识框 4.4　AlphaGo 底层原理

AlphaGo 中含有四大部件：

SL policy network，用人类棋手里面的对弈记录进行训练，输入为48张图片，以输出为人类棋手的落子为目标，进行训练。

Rollout policy，将很复杂的卷积神经网络去掉就能够得到一个快速走子网络。它与 SL policy network 的功能一样，两者间的不同是：Rollout policy 网络简单，落子更快，准确率较低。

RL policy network，最开始由 SL policy network 复制而来，两者开始对弈，在对弈的结果里面我们依据最终的胜负来修正权重。优化之后再更新对手的权重，再接着对弈，两者共同优化。

Value network，用 RL policy network 自我对弈得到的棋局数据来训练价值网络。输入是一个棋面，输出是这个棋面的胜率。为什么不直接用人类棋手的数据来训练价值网络呢？这是因为人类棋手对局的数据很少，有效样本也很少，很容易产生过拟合，对局的水平也不是很高。

阿尔法折叠2准确测定蛋白质结构基于强大的深度学习算法和大量实验数据的训练。训练数据来自 PDB 中大约17万个蛋白质结构，以及包含未知结构的蛋白质序列的大型数据库和神经网络模型结构。其中，模型对蛋白质序列以及氨基酸残基对进行操作，在两种表征之间迭代传递信息以生成结构。

由华盛顿大学大卫·贝克（David Baker）教授开发的罗塞塔折叠利用深度学习，仅凭有限的信息就能快速而准确地预测蛋白质结构，在短时间内就能构建出复杂的结构模型。这是因为罗塞塔折叠是一个"三轨"神经网络，能够兼顾蛋白质序列模式、氨基酸如何相互作用以及蛋白质三维结构的可能性。在这种模板中，蛋白质的信息在一维、二维和三维之间来回流动，从而推断蛋白质相互作用部分与折叠结构之间的关系。

做到这些已经是一大步进展，但是科学家对于技术进步的期望远不止于此。基于蛋白质单体的预测已经让人惊叹，对于蛋白质间相互作用的预测更是结构生物学的重大进展。

蛋白质通常以复合物的形式成对或成组地发挥功能，但是迄今为止很多这种蛋白质复合物的结构依然是未被解开的谜团，而来自得克萨斯大学西南医学中心和华盛顿大学的国际团队利用全蛋白质组氨基酸协同进化分析和"罗塞塔折叠+阿尔法折叠"的组合，系统地识别和建立了真核生物核心蛋白质复合物的精准模型。

阿尔法折叠和罗塞塔折叠各有所长。阿尔法折叠采用的双轨注意力机制在蛋白质复合体的预测上有更高的准确率，而罗塞塔折叠采用的三轨注意力机制使得整个神经网络可以同时学习蛋白质的一级结构、二级结构、三级结构这三个维度层次的信息。

看起来已经很完备的蛋白质结构预测技术其实还是有着不足，近年来大量人工设计的蛋白质药物和工业合成酶的出现使阿尔法折叠2和罗塞塔折叠进行预测时，无法在生物进化的过程中找到蓝本。这无疑限制了此类工具的应用。

北京的AI制药企业华深智药在2022年7月22日对外宣布的欧米伽折叠（OmegaFold），补全了这个领域的缺口。欧米伽折叠的特殊之处在哪呢？它能够用单一序列取代多重同源序列。也就是说只需要一条单一的序列欧米伽折叠就可以对蛋白质结构进行准确预测。原理为其研究团队采用的一种基于几何信息的深度学习模型——OmegaPLM。该学习模型可以根据蛋白质的序列信息，预测原子坐标，同时经过训练学习，预测原子在三维空间的距离。在不断的迭代之后，可以让这些预测出来的原子坐标和距离满足基本的几何定律，最终形成蛋白质结构。图4.13为欧米伽折叠的运行逻辑。

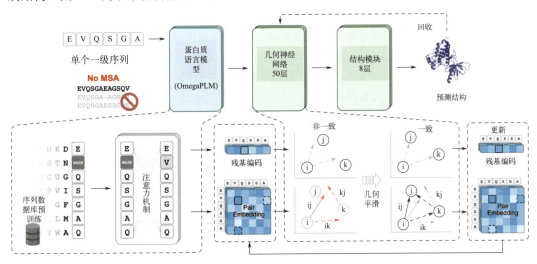

图4.13　OmegaFold运行逻辑

在蛋白质结构预测领域最重要的两项竞赛CASP（The Critical Assessment of protein Structure Prediction）和CAMEO（Continous Automated Model Evaluation）里，欧米伽折叠相比于其余的对手们，在整体上已经不逊于或略超它们。

CAMEO与CASP并列为蛋白质结构预测领域的两大权威竞赛。研究团队分别对CASP和CAMEO的蛋白质数据集进行了测试，其中CASP数据集有29个蛋白质，CAMEO数据集有146个单链蛋白质。在测试时欧米伽折叠仅输入了单一蛋白质序列，而阿尔法折叠2和罗塞塔折叠则是输入多重序列比对（MSA）。

研究团队用欧米伽折叠对两类缺乏蛋白质同源进化信息的蛋白质、抗体蛋白质和孤儿蛋白质进行结构预测。结果发现，欧米伽折叠在这两类蛋白质，尤其是抗体的关键功能区结构预测方面，有突破性的进展。而这类缺乏蛋白质同源进化信息的蛋白质，恰好是阿尔法折叠2和罗塞塔折叠无法到达的盲区。由此看来欧米伽折叠无论是在药物设计还是蛋白质结构突变致病的病因学研究领域都有着巨大的潜力。

罗伯特·布鲁斯·梅里菲尔德（Robert Bruce Merrifield）（图4.14）自1953年起一直从事蛋白质化学的研究，主要研究多肽和蛋白质的合成，以及合成的生物活性多肽和蛋白质的

图 4.14　梅里菲尔德

结构与功能的关系。从 1959 年 5 月开始研究多肽固相合成法，1962 年成功地用固相合成法合成一个二肽。同年他又合成一个四肽。1963 年又合成了含有 9 个氨基酸残基的缓舒激肽，而这只花了 8 天时间。梅里菲尔德的多肽固相合成法比经典的合成方法省时间、简便、效率高，随后在实践中不断完善，到了 20 世纪 70 年代，已成为许多多肽合成实验室使用的一种基本方法。1965 年梅里菲尔德制成了第一台自动化合成仪。1969 年他用这台仪器高速地合成由 124 个氨基酸残基组成的核糖核酸酶 A。核糖核酸酶 A 是世界上首次人工合成的酶。他的工作对整个有机合成化学领域起了极大的推动作用。他因发明多肽固相合成法和对发展新药物和遗传工程的重大贡献而获 1984 年诺贝尔化学奖。

4.3.2　从蛋白质结构预测到创造蛋白质

前文提到的人工智能的蛋白质预测已经在疾病的相关领域得到了应用。Saima Suleman 在对于银屑病的研究中发现，虽然银屑病的易感性取决于多种因素，但是遗传和环境因素存在着复杂的相互作用。研究表明常染色体显性 *CARD14* 基因功能获得突变与银屑病的发生有关。于是 Saima Suleman 及其课题组共纳入 123 个受试者，评估了 *CARD14* 基因的非同义单核苷酸多态性（nsSNPs），以确定其与巴基斯坦人群中的银屑病的关系。而在研究中使用到 AlphaFold2 的地方则是用其预测了 CARD14 蛋白的 3D 结构（图 4.15）。预测完成后利用 InterPro 服务器对 CARD14 蛋白结构中的结构域进行预测，发现一种突变可以增强蛋白质二聚化，可能是引发此疾病的潜在诱因。

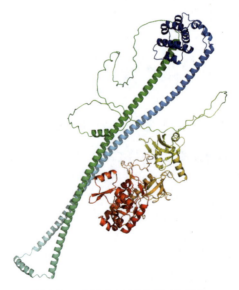

图 4.15　CARD14 蛋白质 3D 结构

这只是蛋白质预测应用的小试牛刀。2022 年 6 月，韩国监管机构批准了有史以来第一种由人工设计的新型蛋白质制成的药物——SKYCovion COVID-19 疫苗。这种疫苗基于一种球形的蛋白质"纳米颗粒"，是科学家在近 10 年通过一种劳动密集型的试错过程创造出来的。现在，由于人工智能（AI）的巨大进步，华盛顿大学的生物化学家大卫领导的团队在《科学》上报告说，他们可以在几秒钟内设计出这样的分子，而不是几个月。

科学家们不仅仅满足于通过氨基酸对天然蛋白质进行探究，大卫教授和他的团队致力于使用机器学习创建出自然界没有的蛋白质分子。他们将蛋白质设计的挑战分解为三个部分，并且对每个部分都设计了特定的软件方案。

第一部分是通过逆向蛋白质结构预测或者 Stable Diffusion 图像生成算法，从需要的蛋白质活性位点出发，得到蛋白质的整体结构。

第二部分是设计了一种基于图神经网络的生成氨基酸序列的新算法 ProteinMPNN（图 4.16）。ProteinMPNN 能够通过深度学习解决蛋白质反向折叠的问题，从而由蛋白质的结构推测得到蛋白质的序列。

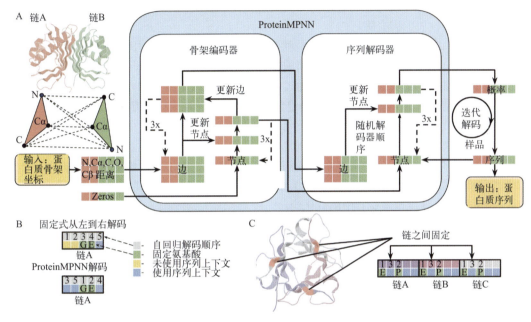

图 4.16　ProteinMPNN 运行逻辑

第三部分是使用了阿尔法折叠来独立评估他们提出的氨基酸序列是否可以折叠成预期的形状。

大卫团队证实，组合使用新的机器学习工具能够可靠地生成在实验室中发挥作用的新蛋白，研究团队还通过挽救以前失败的蛋白质单体、环状同聚物、四面体纳米颗粒和靶结合蛋白的设计，证明了基于人工智能的蛋白质设计方法的广泛效用和高精度。

这是大卫研究蛋白质设计 30 年之后得到的又一个重磅的成果。蛋白质设计的人工智能方法不仅有我们上面提到的功能，还能够解锁全新治疗方法、开发出更有效疫苗、加速癌症的治疗研究，或设计产生全新的蛋白质材料。

计算机科学已经发展到让人惊叹的程度，自然界的奥秘却更是无穷。前面我们讨论了怎么用计算机设计并创造蛋白质，巧夺天工。但是我们是否可以直接借助大自然的伟力创造出我们想要的蛋白质呢？

"曾经的我想专注于世界上最复杂的事情，比如宇宙飞船。但是那时的我还没意识到，世界上最复杂最美丽的东西不是由人类设计的，它们是大自然的产物。"2018 年瑞典皇家科学院将诺贝尔化学奖的一半奖金授予美国科学家弗朗西丝·阿诺德（Frances H. Arnold）（图 4.17）以表彰她在"酶的定向进化"领域的贡献，这

图 4.17　弗朗西斯·阿诺德

让弗朗西丝·阿诺德成为第五位获得诺贝尔化学奖的女性。她也是美国最早获得美国国家科学院、美国国家工程院、美国国家医学院"三院院士"称号的女性科学家。

众所周知，自然进化非常缓慢，环境的多样性和适应方式的多样性决定了进化方向的多样性，且并不是每一种进化都有益于人类，这使得天然酶的稳定性差、活性低，催化效率也很低，还缺乏有商业价值的催化功能。现代酶工程希望酶能具有长期稳定性和活性，能适用于水以及非水相环境，能接受不同的底物尤其是自然界不存在的底物，能够在特殊环境中合成和拆分制作新药物和药物的原材料。要达到这些"严苛"的要求如果光靠大自然的选择遥遥无期。而定向进化可通过模仿自然进化的关键步骤，在实验室中改造基因，并人工定向选择得到具有所需性质的突变酶。

我们所熟知的对酶分子的理性设计是利用各种生物化学等方法对天然酶或其突变体进行研究，获得酶分子特征、空间结构等方面的信息，以此为依据对酶分子进行改造。而与此相对应，不需要准确的酶分子结构信息而通过随机突变、基因重组、定向筛选等方法对其进行改造，则称为酶分子的非理性设计。定向进化就是一种非理性设计的方法。

定向进化是一个迭代重复的过程（图4.18），包括：初始目标蛋白的选定、基因的突变（多样化）、高效蛋白表达和筛选策略的制定和运行，然后对筛到的优良突变体基因进行再次突变和筛选。多次循环，优中拔优，直到获得满意的性能，如：酶活性的提高，抗体结合力的提高，酶底物特异性的改变，甚至创造全新的反应类型等。正如诺贝尔奖委员会的Claes Gustafsson所说，这就像是试管中的进化论。

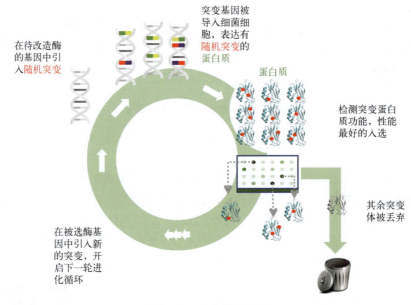

图4.18 定向进化过程

知识框4.5 突变文库的构建

1. 易错PCR，即故意在DNA扩增时随机引入错配，以获得该基因的各种突变形式，构建随机突变文库。

2. DNA重排（"洗牌"）（DNA shuffling），将两个以上序列和功能相近但来自不同物种的同源基因（相似度至少＞50%）随机切成小片段（如：25～100bp），不同小片段之间互相交错叠搭，重新组装，形成全新的多种杂合形式的完整基因片段。这属于同源重组法，可快速将各个有益突变进行组合。

3. 对一些已知结构的蛋白质来说，科学家们还可以有针对性地选择那些与功能发挥最相关的氨基酸，将它们突变为其他氨基酸，建立"小而精"的基因突变文库达到快速优化酶催化性能的目的（这也叫酶的半理性设计）。

4. 计算机模拟突变，通过一系列生物信息学算法快速准确地预测各突变体的稳定性、活性和底物结合特性等，从而有选择性地建库、表达和筛选，将繁重的文库遴选工作交给计算机进行，缩小了人工筛选的范围。

在定向进化方法的引领下，科学家们已经取得很多成果。

类胡萝卜素具有抗氧化活性，在抗肿瘤或慢性疾病治疗方面具有潜在的应用价值。Arnold 团队尝试改变酶的底物或产物范围，在 2000 年发表的文章显示 Arnold 团队对类胡萝卜素合成途径进行定向进化，利用 DNA "洗牌"技术改造八氢番茄红素去饱和酶，首次在大肠杆菌中合成新型非天然类胡萝卜素化合物。2016 年 Arnold 实验室使用定向进化改造海洋红嗜热盐菌里的细胞色素 c，使其成功将硅和碳键连起来，而且把此前人工合成的反应效率提高了 15 倍。目前基于定向进化技术得到的酶在环境治理、生物燃料生产、生物塑料制造、药物分子合成等方面得到广泛应用。科学家在科研的道路上获得的进步，就像是夜空中闪耀着的星光，指引着人类未来的航向。

4.4 生物节律

2017 年关于"发现控制昼夜节律的分子机制"的诺贝尔生理学或医学奖引发了人们热烈的讨论。熬夜可谓是当代人难以解决的一个大问题，非常损耗身体的健康。

地球上的所有动物都有一种叫"生物钟"的生理机制，也就是从白天到夜晚的一个 24h 循环节律，比如一个光-暗的周期，与地球自转一次吻合。生物钟是受大脑的下丘脑"视交叉上核"（简称 SCN）控制的，和所有的哺乳动物一样，人类大脑中 SCN 所在的那片区域也正处在口腔上颚上方。我们有昼夜节律的睡眠、清醒和饮食行为都归因于生物钟的作用。

 问一问 4.1

你的作息规律吗，能否采用一些办法使自己的作息规律？

4.4.1 生物节律的发现

 知识框 4.6 人体生物节律

20 世纪初，德国内科医生威尔赫姆·弗里斯和奥地利心理学家赫尔曼·斯瓦波达在长期的临床观察中发现，患者的病症、情绪及行为的起伏变化，存在着一个以 23 天为周期的体力盛衰和以 28 天为周期的情绪波动规律。约 20 年以后，奥地利因斯布鲁克大学的阿尔弗雷特·泰尔奇尔教授，在研究大学生的考试成绩时，发现人的智力波动周期是 33 天。后来，一些学者经过反复试验，提出每个人从出生之日起，直至生命终止，都存在着以 23 天、28 天和 33 天为周期的体力、情绪和智力按正弦函数周期变化的规律，并用正弦曲线绘制出每个人的生物节律周期图形，即生理节奏曲线。

2017 年，诺贝尔生理学或医学奖被授予三位美国遗传学家杰弗里·霍尔（Jeffrey C. Hall）、迈克尔·罗斯巴什（Michael Rosbash）和迈克尔·杨（Michael W. Young）（图 4.19），以表彰他们发现昼夜节律的分子机制，也就是我们所说"生物钟"运作的机理。

  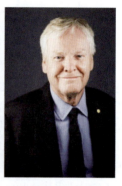

图 4.19　杰弗里·霍尔、迈克尔·罗斯巴什、迈克尔·杨

图 4.20 显示了序列 24h 振荡期间的事件。当周期基因活跃，周期 mRNA 产生，mRNA 被转运到细胞的细胞质中，并作为生产 PER 蛋白的模板。PER 蛋白积聚在细胞核中，周期基因活性被阻断。这产生了抑制性反馈机制，这是昼夜节律的基础。

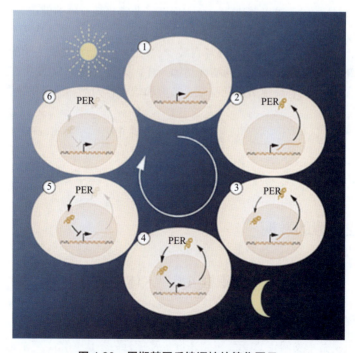

图 4.20　周期基因反馈调控的简化图示

一个生物机制的发现与探究往往要经历漫长的过程。罗斯巴什教授是第一个克隆出 PER 基因，并鉴定了果蝇中的 CRY、CLOCK 和 CYCLE（对应哺乳动物中的 BMAL1）基因的人，这是霍尔研究的基石。

霍尔教授是最早一批研究 PER 基因的人。他发现 PER 基因的突变能够影响果蝇的节律。1984 年他和罗斯巴什教授合作，克隆了果蝇可调节生物钟的周期基因，揭示出该基因所编码的 mRNA 与蛋白质含量随昼夜节律而变化。1988 年罗斯巴什和霍尔在学术期刊《细胞》上发表的研究结果显示 PER 基因的表达产物 PER 蛋白主要作用于果蝇眼部的感光细胞、前脑以及脑部枕叶。1990 年他们发现了 PER 蛋白能够负反馈抑制其自身转录的现象，从而奠定了生物节律的分子基础。1992 年，霍尔和罗斯巴什在《美国科学院院刊》上发表论文，提出 PER 基因的表达是在 DNA 至 mRNA 这个层面上被控制的，而且 PER 基因的表达是被自己的表达产物 PER 蛋白所控制的。他们还发现，PER 基因的 mRNA 的峰值与 PER 蛋白的峰值之间相差了 8h。随后，他们两人于 1998 年共同发现了细胞时钟之间互相同步化的机制。

而同样获得 2017 年诺贝尔奖的迈克尔·杨又做了什么呢？他也是于 1984 年克隆出果蝇的周期基因，1995 年，综合自己以及其他科学家发布的成果，迈克尔·杨与阿米塔·塞加尔（Amita Sehgal）提出了 TIM、PER（两种蛋白质）与生物钟现象关系的理论：在每天黄昏时两种 mRNA 数量达到峰值，mRNA 被大量翻译成蛋白质并且开始在各自的目标细胞或者细胞器进行反应；当蛋白质数量在 12h 后达到峰值时两种蛋白质结合，TIM 阻止 PER 重新进入细胞核；当两种蛋白质的结合产物（以下简称 TIM-PER）在细胞核外积累到一定数量的时候，TIM-PER 才进入细胞核并且开始同时抑制 TIM 与 PER 基因的表达（即抑制 DNA 到 mRNA 的转录行为）；在 0 时的时候 TIM-PER 对于 TIM 与 PER 基因的表达的抑制达到峰值，TIM 与 PER 基因的 mRNA 产物的数量降到最低值；随后由于基因表达的抑制，TIM-PER 的数量随之降低，基因重新开始进行表达，直到第二次达到峰值。1996 年，阿米塔·塞加尔和迈克尔·杨在学术期刊《科学》发表论文，称 TIM 蛋白可以被光降解，在 0 时之后 TIM-PER 的数量能够很快地降低。随后他们发现果蝇的一个名为 dClock 的基因（Clock 是哺乳动物身上的一个基因，dClock 与 Clock 属于同源基因）的变异会使 TIM 与 PER 两种蛋白质的数量急剧下降，导致生物钟出现紊乱。这个发现表明了哺乳动物的生物钟现象与果蝇的生物钟现象有共同起源。

4.4.2　蛋白质与生物节律相关发现和应用

1990 年法国知名制药公司罗纳-普朗克（Rhone-Poulenc）在对一款治疗结肠癌的铂类抗癌药"奥沙利铂"进行 I 期临床试验时发现它有过量的毒性，而之后德彪公司（Debiopharm）通过考虑昼夜节律的时间调节规律，整合时间药理学对药物的有效性和毒性进行观测，最终确定了最佳的药物递送时间，最大化药效的同时最小化其毒性。该药于 1996 年在法国上市。

虽然现实中已经有过这样需要考虑到生物节律在疾病治疗上的作用的例子，但是在 2017 年的诺贝尔奖颁布之前，医学界并没有广泛考虑生物节律在疾病治疗上的临床应用。随着近年来的研究和发现，生物节律正在逐渐成为提高药效和减少药物毒性的关键点。已经有研究显示，有些药物在白天的效果更好，而有些药物在夜晚的效用更佳。

上文提到了熬夜以及缺乏睡眠会影响人类健康，但是具体的影响机制是什么呢？美国密歇根大学的研究人员在《美国科学院院刊》上刊登了他们的发现，当熬夜导致睡眠不足时，大脑中导航、处理及存储新记忆的海马体中的抑制神经元活动会增加。这些抑制性神经元会限制它们周围神经元的活动，使得海马体中的正常神经元活动无法聚集，从而破坏记忆巩固。其中 S6 蛋白是负责蛋白质翻译的核糖体的一个组成部分。睡眠和清醒、海马神经元活动和活动驱动的核糖体 S6 蛋白磷酸化之间的相互作用是研究熬夜对记忆力影响的几个关键因素。

发现生物节律秘密的意义远不止于此。你有没有思考过,如果脱离了中枢神经,生物节律是否还能起作用?除了控制昼夜节律的分子机制,你的身体里还潜藏着无数的小小时钟,皮肤、肝脏都可以因光照周期的存在而具有节律。

4.5 端粒和端粒酶

"你在人生的平原上走着走着,迎面遇到一堵墙,这墙向上无限高,向下无限深,向左边和右边都无限长。"——刘慈欣《永生的阶梯》。

古往今来,无论是东方还是西方,永生都是一个不会褪色的议题。刘慈欣在《永生的阶梯》一文中提到死亡对于人类就像是永远不可越过的一堵墙,但是随着生物学、医学、计算机技术的发展,这堵墙很有可能被打破。古代的人通过对于神灵的想象追求永生的希望,现在的人通过科学技术的进步追逐永生的可能。

端粒位于染色体末端,由一个富含 G 的 DNA 串联重复序列和端粒结合蛋白组成,每个重复序列一般为 5～7bp。端粒酶是在细胞中负责端粒的延长的一种酶,是使端粒延伸的反转录 DNA 合成酶,是个由 RNA 和蛋白质组成的核糖核酸-蛋白质复合物。它是基本的核蛋白逆转录酶,可将端粒 DNA 加至真核细胞染色体末端,把 DNA 复制损失的端粒填补起来,使端粒修复延长,可以让端粒不会因细胞分裂而有所损耗,使得细胞分裂的次数增加。

2009 年的诺贝尔生理学或医学奖让端粒和端粒酶进入了大众的视野,奖项得主分别是伊丽莎白·布莱克本(Elizabeth H. Blackburn)、卡罗尔·格雷德(Carol W. Greider)、杰克·绍斯塔克(Jack W. Szostak)。布莱克本与绍斯塔克发现端粒的一种独特 DNA 序列能保护染色体免于退化。格雷德与布莱克本确定了形成端粒 DNA 的端粒酶,她们的发现解释了染色体的末端是如何受到端粒的保护的,而且端粒是由端粒酶形成的。

端粒作为和细胞年轻程度强相关的一类结构受到了广泛的讨论与研究。当端粒缩短到一定程度后,细胞就会走向衰亡,那么用端粒酶维持端粒的长度是否就可实现永生呢?要想知道这个计划是否可行,首先我们需要了解端粒和端粒酶,它们是从哪来又要往何处去。

 问一问 4.2

实验中使用动物是否残忍,动物实验有何优越性与缺点?

4.5.1 端粒和端粒酶的发现

在细胞内的 DNA 复制过程中,引物在复制完成后需要被核酸酶移去,然后由一种特殊的 DNA 聚合酶将引物移除留下的空缺补上。但是,当我们考虑一条线性的 DNA 分子,会发现在分子末端的引物移除后,由于没有 DNA 聚合酶起始反应需要的 3′-羟基,相应的空缺无法被补齐。这一过程也会实际发生,导致每经历一次复制,线性 DNA 就会比亲本少一小段。

这一小段序列看似并不重要。但是这就像你每天比昨天多学 0.1,那么一年后你获取的知识将会是 1.1^{365},约为 1.28×10^{15};若你每天比前一天少学 0.1,那么一年后你只能学到

1.99×10^{-17} 的知识。如果我们考虑自人类这个物种形成以来细胞分裂的次数,那么这种 DNA 复制过程中遗传信息的损失就无法忽略了。

但是生物繁衍至今并没有因此酿成大错,可见一直有一种自我保护机制在修复人类的这个漏洞。具体是什么呢?答案是端粒。

1938 年美国遗传学家赫尔曼·约瑟夫·穆勒(Hermann Joseph Muller)在爱丁堡动物遗传研究所用 X 射线照射果蝇时,发现染色体的末端与其他的位置有着性质上的不同,在受到照射后,染色体末端很少出现缺失或逆转。同时期的美国遗传学家芭芭拉·麦克林托克(Barbara McClintock)在研究玉米的转座子时,发现玉米染色体末端异常稳定,并不会像其他部分断裂末端那样经历重排。因此他们猜测染色体的末端必定有着某种特殊的保护结构,并命名为末端基因(terminal gene),之后又改为端粒(telomere)。

 诺奖小故事 4.1　摩尔根和穆勒

> 摩尔根发现遗传中染色体所起的作用。他于 1908 年开始著名的果蝇实验,发现性别连锁特性和伴性遗传规律,发展了染色体遗传理论,证实染色体与遗传基因的关系,并创立现代遗传学的基因学说,被誉为现代遗传学之父。他指导的多名学生都获得过诺奖。
>
> 穆勒发现用 X 射线辐射的方法能够产生突变。他在 1918、1920、1921、1926 年先后阐述了自然基因突变原理,1926 年在果蝇实验中发现用 X 射线照射可人工诱使遗传基因发生突变。这一研究成果导致了辐射遗传学的诞生,并有助于深入认识生物遗传进化的机制,同时也成为人工培育优良品种的理论基础。
>
> 两位获奖者曾是师徒关系,摩尔根是穆勒的博士生导师,摩尔根获 1933 年诺奖时,穆勒质疑:摩尔根对果蝇的研究以及绘制出的染色体的基因位置图,都是窃取自己的研究成果。师生产生了极大的矛盾,摩尔根在坚决否定的同时,也有意识地疏远了穆勒。

1978 年布莱克本发现了富含小染色体的模式生物四膜虫的端粒含有许多重复的 5′-CCCCAA-3′ 六碱基序列,而绍斯塔克发现微型染色体导入酵母后很快会被降解。于是两位科学家进行合作将四膜虫的 CCCCAA 序列偶联到微型染色体上并导入酵母,结果发现这段端粒序列的加入使得微型染色体免受降解,这证实了端粒对染色体的保护作用。而这种带有端粒序列的人工染色体,由于在酵母等生物细胞内可以稳定复制,成为了重要的研究工具,并在之后的人类基因组计划中大放异彩。布莱克本和其他科学家深入研究发现在大多数生物中都存在端粒的特异性 DNA 序列,如人的端粒重复序列为 TTAGGG,这证明端粒末端 DNA 重复是一种普遍现象。

在得到端粒的序列后,布莱克本立即着眼于下一个问题:端粒的这种特殊序列是如何产生的?它又是如何保护遗传信息在 DNA 复制中不遗失呢?端粒序列本质上是 DNA,通过 DNA 聚合酶的复制是一种最简单的合成机制。布莱克本和她的学生设计了一个巧妙的实验。她们将含四膜虫端粒序列的人工染色体导入酵母,然后测定传代后得到的人工染色体的端粒序列。如果端粒的 DNA 部分通过简单的互补配对的方法复制,那么得到的人工染色体端粒应该仍然具有四膜虫的端粒序列——结果,实验得到的人工染色体确实携带了酵母端粒序列。这说明了端粒 DNA 并不是通过简单的复制合成的。

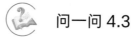 问一问 4.3

如果将四膜虫的染色体引入酵母的细胞中，细胞复制几代后，得到的染色体的端粒序列应该是四膜虫的还是酵母的？

知识框 4.7　关于染色体特殊结构的第一个证据

果蝇是一种喜欢围着水果，尤其是腐败的水果打转的小家伙。这位"黑腹先生"（果蝇的拉丁名 *Drosophila melanogaster* 中种加词 melanogaster 就是黑腹的意思）进入遗传学家的视野还要感谢遗传学的先驱摩尔根。果蝇的眼睛通常是红色的，而摩尔根在培养果蝇时，发现了其中的一只雄性果蝇眼睛是白色的。经过杂交实验，他证明了决定白眼性状的基因在性染色体上。通过筛选不同的突变个体，并进行杂交实验，遗传学家可以确定决定这些性状的基因在染色体上的位置关系，称为基因作图。摩尔根也由于发现染色体在遗传中的作用，获得了 1933 年的诺贝尔生理学或医学奖。

现在我们知道，白眼、黄身、短翅等性状是由基因突变引发的。为了研究基因排列的关系和染色体的结构，需要得到大量的基因突变个体。而在自然条件下，基因突变是罕见的——由于生物的进化已经如此完备，一般的突变都是不利于个体生存的，生命已经进化出了"忠实"地复制亲代遗传信息的机制。DNA 是遗传信息的载体，我们知道，在 DNA 复制，即 DNA 聚合酶催化的 DNA 合成过程中，典型的错误率为 10^{-6}，也就是说，每复制一百万对碱基，才会有一个出错。所以，对于当时的遗传学家来说，在自然条件下发现新的突变的概率是很低的。

如何增加突变产生的概率呢？摩尔根的学生穆勒创造性地使用了 X 射线对果蝇进行诱变。由于 X 射线的能量很高，可以将分子中的电子激发为自由电子，所以是一种电离辐射。在 X 射线的照射下，细胞中 DNA 会产生损伤，包括单个碱基的突变以及染色体的断裂、缺失和倒位等。相比自然突变，X 射线诱变大大提高了突变产生的概率，成为遗传学的研究工具，也是农业、畜牧业育种的重要手段。例如我国的水稻品种原丰早、小麦品种山农辐 63 等都是通过诱变育种得到的。穆勒因为发明这一技术得到了 1946 年的诺贝尔生理学或医学奖。在 X 射线诱变的研究中，穆勒总结了一个规律：染色体断裂、缺失或倒位在染色体不同位置发生的概率是不同的，在染色体末端的一段区域内，这种变化几乎不会发生。

无独有偶，同时代的另一位科学家芭芭拉·麦克林托克在研究玉米染色体时也发现了类似的例外。麦克林托克对玉米染色体的组织进行了深入的研究。摩尔根等遗传学家对不同基因进行作图，其中一个重要的假设是，基因之间的相对位置是固定的。然而，麦克林托克在对玉米的研究中却发现了一类可以"跳跃"的基因，这些基因可以从染色体原来的位置上单独复制或断裂下来，插入另一位点。正是由于跳跃基因的存在，某些玉米的籽粒会产生花纹。在她发现玉米中的"跳跃基因"几十年后，分子生物学家在动物中发现了同样的现象，证实了"跳跃基因"的存在，而麦克林托克最终获得了 1983 年的诺贝尔生理学或医学奖。

端粒酶又是怎么被发现的呢？

格雷德运用经典的生物化学方法，对端粒形成的机制进行了研究。由于已知四膜虫具有高丰度的端粒，其端粒酶活性也相对较高，格雷德将四膜虫的提取液与端粒 DNA 反应，发现可以在 DNA 末端加入新碱基。这个实验首先在体外实现了端粒酶催化的反应，即合成端粒 DNA，这是对生命活动的分子机制进行研究的一个重要步骤。四膜虫的提取液有着复杂组分，其中含有四膜虫的蛋白质、DNA、RNA、多糖以及各种小分子。那么哪种分子催化了端粒的合成呢？这可以通过"排除"实验确定。对于蛋白质、DNA、RNA 等生物大分子，有相应的水解酶，如蛋白酶、DNA 酶、RNA 酶等，将其降解为基本的组成单元而失去活性。这些水解酶（很多都是用于食物消化的消化酶）很早就有研究，并且对于作用分子的专一性很高。分别使用蛋白酶、RNA 酶处理四膜虫的水解液后，使其丧失了催化端粒 DNA 合成的活性。与未处理的四膜虫水解液对比，我们知道蛋白质和 RNA 对于端粒酶的活性都是必要的。端粒酶可能既含有蛋白质，又含有 RNA。

端粒酶含有蛋白质是情理之中，毕竟酶或者生物催化剂大部分都是蛋白质。那么 RNA 起了什么作用呢？在"排除"实验之外，研究者使用了"分离"实验确定端粒酶的组分。在知道四膜虫提取液具有端粒酶活性后，可以通过分离的方法，将成分复杂的提取液根据某种原则分成不同的组分，并分别测定其端粒酶活性。通过这种方法，最终得到了一种含有 RNA 的具有端粒酶活性的组分。通过测序，研究者发现得到的 RNA 中含有与端粒酶保守序列互补的序列。

关于端粒酶的接下来的发现又与遗传学的研究密不可分。为了寻找端粒酶活性相关的基因，研究者利用端粒位置效应设计了筛选实验。端粒位置效应（TPE）是指位于端粒附近基因的转录活性被端粒抑制的现象。研究者通过筛选实验得到了一个基因，具有与端粒酶保守序列互补的序列，这个基因编码了端粒酶的 RNA 亚基。通过一些更复杂的方法，后来编码端粒酶蛋白质亚基的基因也相继被找到。

目前，我们知道端粒酶是由 RNA 和蛋白质共同组成的，它是一种 RNA 依赖性的 DNA 聚合酶（类似逆转录酶）。端粒酶通过引物特异识别位点，以自身 RNA 为模板，在染色体末端合成端粒 DNA，使端粒得以延长。人类端粒酶主要由 RNA 成分 (hTR)、端粒酶相关蛋白 1(hTEP1) 和催化亚单位 (hTERT) 三部分组成。hTR 长约 560nt，其中有 11 个碱基（5'-CUAACCCUAA-3'）与人类端粒序列 5'-TTAGGG-3' 互补。

4.5.2　端粒与长寿和衰老

在关于端粒长度的研究中我们知道，端粒缩短或端粒 DNA 损伤时会引发多种疾病，如心血管疾病、骨骼疾病、肝脏疾病。更有研究人员在与新冠患者病情严重程度相关的研究中发现，端粒越短的患者，病情往往也越严重。

 知识框 4.8　运动——延年益寿好方法

有研究显示，中等速度步行和快速步行的人会比慢速走的人在中年时的生物年龄年轻十岁以上。此外，每天进行 30 分钟的中等强度运动就可以对心理健康问题有明显的改善。

步行速度定义：慢速（小于 4.8km/h）、中等速度（4.8～6.4km/h）和快速（大于 6.4km/h）

到这里，我们了解到端粒对于保护遗传信息、维持基因组的稳定性起到非常重要的作用。长期以来，细胞在体外只能分裂有限的次数，一般认为是 50～60 次。当研究者对体外培养的细胞的端粒长度进行测定时，发现随着细胞分裂，端粒长度逐渐缩短，即细胞愈老，其端粒长度愈短。衰老细胞中的一些端粒丢失了大部分端粒重复序列。如果端粒变得太短，细胞可能检测到这种变化，然后停止生长，进入细胞衰老期（衰老），或开始程序性细胞自毁（凋亡）。

为了研究端粒延长对生物机体的影响，有科学家建立了携带超长端粒的小鼠模型。超长端粒小鼠的平均寿命与最大寿命分别比端粒正常的对照小鼠延长了 12.75% 和 8.40%，值得注意的是，本研究中的超长端粒小鼠与端粒正常的对照小鼠相比，前者的肿瘤发生率降低了 50% 左右。此外，研究者发现拥有超长端粒的嵌合体小鼠体型更加苗条瘦小，脂肪堆积量与皮下脂肪量也明显减少，而在神经肌肉忍耐力、协调能力、嗅觉灵敏度等方面表现均正常。

 诺奖小故事 4.2　绿色荧光蛋白

> 绿色荧光蛋白（green fluorescent protein，GFP）是一种在当今生命科学和医学研究中被广泛使用的示踪物。它的出现彻底改变了科研人员的实验策略，基于 GFP 的光学成像技术使人们可以直接观察到从微观到宏观各个层次上丰富多彩的生命现象。因在发现和研究绿色荧光蛋白方面作出杰出贡献，下村修（Osamu Shimomura）、马丁·查尔菲（Martin Charfie）与钱永健（Roger Tsien）分享了 2008 年的诺贝尔化学奖。
>
> 绿色荧光蛋白的发现：下村修将装有废弃样本的管子扔到了盥洗池，盥洗池里的海水倒灌进了管子，他惊奇地看到倒灌的海水使管子里的样本发出了荧光。这个意外的现象使他发现，这种荧光蛋白对钙离子敏感，这也直接导致了它在接下来细胞功能成像中的大范围应用，它就是大名鼎鼎的水母蛋白 aequorin。
>
> 绿色荧光蛋白的初步运用：普瑞泽将 GFP 的基因邮寄给了查尔菲，之后查尔菲指导学生将 GFP 表达在大肠杆菌内。他们发现表达 GFP 的大肠杆菌发出了绿色荧光，GFP 并不需要与水母中特殊的物质相互作用就能发出荧光！之后查尔菲将 GFP 表达在了线虫中，他也在线虫中观察到了荧光。这个发现发表在《科学》杂志上，成为了分子生物学与遗传学领域划时代的发现。
>
> 绿色荧光蛋白的广泛运用：有了原始 GFP 这块璞玉和对它分子结构的认识，钱永健运用巧夺天工的设计开始了对 GFP 的改造。他在 GFP 的蛋白序列中引入突变，从发光颜色、成熟速度、发光亮度以及发光的稳定性方面对原始 GFP 进行了大规模的改造，让它成熟更快、发光更亮、更适合在活体生物上工作。他还开发出了青色荧光蛋白和黄色荧光蛋白。钱永健又对原始的红色荧光蛋白进行了改造，使它更加适合充当标记生物现象的工具。至此，可以发出不同颜色光的荧光蛋白们正式亮相，人们可以随心所欲地以赤橙黄绿青蓝紫来标记并观察各个层次的生命现象。

目前已有科学家通过实验验证雄性动物的端粒长度普遍比同种雌性动物的短，这可以从分子水平上解释在身体健康状况相似、同等饥饿的条件下，女性存活时间大于男性，亦可以解释女性寿命普遍长于男性。

端粒是否就是控制衰老，或者让人返老还童的密钥呢？端粒酶负责合成端粒 DNA，如果激活端粒酶，不就可以得到永生的细胞了吗？在自然条件下，分化程度低的生殖细胞、干细胞等确实具有端粒酶活性。这些细胞具有无限分裂能力或者它们的分裂次数很多。但是正常的体细胞中检测不到端粒酶，只能分裂有限的次数。在细胞体外培养中，有时候会出现少部分细胞在经历端粒缩短的危机后得到端粒酶的活性，可以一直分裂。这些细胞通常具有癌细胞的特征。所以恶性肿瘤细胞具有高活性的端粒酶，可以持续分裂。这种端粒酶的缺失更像是一种对生命体的保护，能够永生和持续分裂的细胞，很多时候对生命体本身是威胁。

除了端粒酶，还有哪些蛋白质可以帮助我们减缓衰老呢？科学家通过试验证明了人体内有两种血液蛋白会影响人类健康，开发针对这些蛋白质的药物大概率可减缓人体衰老。

爱丁堡大学的研究人员将六项大型基因研究的结果与人类衰老相结合，通过全蛋白质组双样本孟德尔随机和共定位方法，把一组经过充分验证的 857 种蛋白质的血液蛋白定量性状位点作为遗传工具，以推断蛋白质水平和人体衰老之间的因果关系。经过分析，研究人员发现有四种蛋白质，载脂蛋白 A（LPA）、血管细胞黏附分子 1（VCAM1）、蛋白 OLFM1 和蛋白 LRP12 的水平可能会对人体衰老存在一定影响。最终，他们发现在这些蛋白质中，LPA 和 VCAM1 对衰老的影响最为显著。总体上来说：血液中 LPA 水平的标准差每增加一个单位，就意味着这个人可能会减少 7 个月的生命；血液中 VCAM1 水平的标准差每降低一个单位，意味着一个人的生命可能将会延长 18 个月。通过降低 LPA 和 VCAM1 水平来治疗疾病的药物可能具有提高生活质量和延长寿命的额外功效。

而另一个蛋白 Klotho，可以说是在长寿研究领域的明星蛋白。它不仅可以延长寿命，还可以改善代谢。

α-Klotho 基因于 1997 年由日本科学家 Kuro-o 等在类似于人类衰老的突变小鼠中发现，以古希腊神话中纺织生命之线的女神的名字 *Klotho* 命名。小鼠的 *Klotho* 基因突变会导致其出生不久后发生类似于人类衰老的表型，例如寿命变短、动脉硬化、生长停滞、皮肤萎缩等性状。如果在小鼠体内过表达正常的 *Klotho* 基因则会延长小鼠寿命。然而多年来，有关共受体 Klotho 蛋白作用的分子机理却并没有阐明。直到在由温州医科大学李校堃课题组与纽约大学 Moosa Mohammadi 课题组合作完成的 Klotho 相关工作中，研究人员解析了 α-Klotho-FGFR-FGF23 复合物的结构，解释了 α-Klotho 协助 FGF23 介导它的抗衰老作用的分子机制。Klotho-FGFR-FGF23-HS 对称的四元复合物模型如图 4.21 所示。

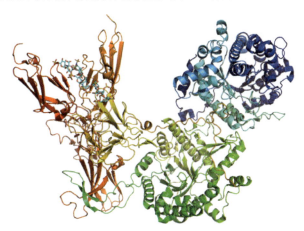

图 4.21　Klotho-FGFR-FGF23-HS 对称的四元复合物模型

而梅奥医学中心 James Kirkland、朱毅等人在此研究的基础上研究出了可口服的、易于临床转化的选择性杀伤衰老细胞的药物组合——Senolytics，能够在自然衰老小鼠、饮食诱导的肥胖小鼠和衰老细胞移植的小鼠中选择性清除衰老细胞，增加 α-Klotho 水平。

Senolytics 是一类选择性杀伤衰老细胞的药物组合，达沙替尼和槲皮素组成的 Senolytics 疗法可以选择性地诱导衰老细胞死亡。其中，达沙替尼可清除衰老的人脂肪细胞祖细胞，而槲皮素可以杀伤衰老的人内皮细胞和小鼠骨髓干细胞，两者联合使用效果更强。

也许有朝一日口服药剂延缓衰老不再是商家的话术，而是切实可以触碰到的长生秘方。

4.6 蛋白质与健康

"蛋白质是一切生命的基础"，这不是一句夸夸其谈的口号，而是对蛋白质强大功能的阐述。

我们以小小的角蛋白为例，这对于大部分人来说是一种陌生的蛋白质，但是它所存在与应用的地方和我们息息相关。我们的指甲、头发、皮肤外层都是主要由角蛋白构成的。角蛋白来源于外胚层分化而来的细胞，是这些细胞内的结构蛋白之一。

虽然对于人类来说，角蛋白组成的大多是需要定期清除的角质，但是当角蛋白存在于动物身上时却获得了人类极高的关注。象牙、犀牛角这种偷猎者青睐的目标，含有大量的角蛋白。

更加值得一提的是鲸须，它是须鲸觅食所依靠的重要工具，这些须长在须鲸的上颌骨，像梳子一样整齐紧密地排列，根根分明，代替牙齿发挥作用。有些种类的须鲸，只需要在水中张着嘴游动，靠鲸须过滤掉水，只留下食物；另一些种类的须鲸，则是把水和食物一起吞入嘴中，再利用鲸须进行过滤。

鲸须的成分是角蛋白，既有韧性又有一定硬度的这个特性使它在 18 世纪成为了紧身胸衣、雨伞、毛刷等物品的原材料。

人们会根据鲸须的长度、形状等，将其进行初步划分，30～40cm 的鲸须会被用来制作紧身胸衣的支撑，这种制品不仅是对须鲸的残忍剥削，也是对女性的残酷规训。维多利亚时代一个叫索姆·梅林（Som Mering）的德国解剖学家在对女性的胸腹进行解剖时，发现由于长期穿紧身胸衣，其肋骨自第五根起严重折向内方，变成了锐角，并最终挤入胸骨边缘。肺叶的呼吸扩张功能和血液循环也受到影响，肝、胃、肾、肠都被迫下移。长此以往，必会生出各种并发症，比如头疼、胃痉挛、闭经、子宫炎、习惯性流产，能活过 40 岁都已经算长寿。好在随着时代的发展，审美更加多元化，这种畸形的审美也逐渐离我们远去。

蛋白质通常给人的感觉就像是鸡蛋的蛋清一样，柔软细嫩，但是从上文提到的角蛋白我们可以知道蛋白质也能坚硬且具有韧性，是否能将这些特质进行一些应用呢？确实可以，科学就是把设想中的东西脚踏实地地变为可能。

我国科学家 2023 年发表在《科学进展》上的一项研究展示了将氨基酸和肽（蛋白质的组成部分）转化为玻璃。这种"生物分子玻璃"不仅是透明的，而且可以 3D 打印并浇铸在模具中。该论文表明，这种玻璃非常环保，其生物降解速度非常快，不过这样的特性也导致它不能放置在潮湿的地方，应用也有所局限比如不适合饮料瓶等应用，因为液体会导致其分解。虽然这种生物分子玻璃目前仍处于实验室研究阶段，但为可持续发展材料的探索开辟了一条新途径。

 诺奖小故事 4.3　美洲箭毒

1957 年达尼埃尔·博韦（Daniel Bovet）因发现抑制某些机体物质作用（特别是对血管系统和骨骼肌的作用）的合成化合物获得诺贝尔生理学或医学奖。他通过研究美洲箭毒的基本成分，合成了肌肉松弛剂，提高了手术的安全性。

为了获得美洲箭毒的详细资料，博韦亲身前往巴西腹地危险重重的印第安人部落，前后用了 8 年的时间，详细记录箭毒的分类及使用情况，最后，终于弄清了美洲箭毒的基本成分——筒箭毒碱。在此基础上，博韦博士合成了近 400 种化合物，并从中筛选出胆碱衍生物，最终发现了一种类箭毒化合物，就是琥珀酰胆碱。琥珀酰胆碱具有简单的神经肌肉阻断作用，而没有复杂的副作用，只要取适量注入人体静脉，几秒钟后，就能达到肌肉麻痹的效果。而且，它不易引起呼吸肌麻痹，也容易分解，术后患者恢复也较为迅速。这样，由于患者在手术过程中骨骼肌松弛，无法动弹，就保证了手术的顺利进行。凡事没有绝对，一旦琥珀酰胆碱引发呼吸肌麻痹，如不及时进行人工呼吸，就会导致患者死亡。

同样对肌肉松弛剂有研究的是 1963 年获得诺贝尔生理学或医学奖的约翰·卡鲁·埃克尔斯爵士。他获诺奖的原因是发现在神经细胞膜的外围和中心部位与神经兴奋和抑制有关的离子机理。他是基于在研究猫和蛙神经肌肉信息传递时的发现——神经电脉冲通过由神经末梢释放乙酰胆碱引起的终极电位传向肌肉，从而弄清了终极电位的基本原理和药理学基础，由此研发的肌肉松弛剂。

 问一问 4.4

目前人类得到的蛋白质结构数据中，通过 X 射线衍射等实验方法得到的结构有多少个？通过计算得到的结构有多少个？

4.6.1 人造肉与天然肉

你坐在餐桌前，面前是一盘色香味俱全的牛排，当你将其放入口中时，汁水迸溅，你咀嚼着口中的美味，满意地点点头，而你口中的肉片可能来自一头货真价实的牛，也可能来自植物的精心伪装，亦或是来自实验室的严格培养。

而对于人类这个小小个体来说，摄入蛋白质是极有益的。摄入蛋白质可以增加人体肌肉组织的含量，提高身体素质，并且能够促进体内生理代谢功能的正常发挥，提高机体免疫力，使人类抵御疾病的能力相对提高。而蛋白质根据食物来源可以分为植物性蛋白和动物性蛋白。植物性蛋白的主要来源是米面类、谷类和豆类。而肉，无疑是动物性蛋白的重要来源。

随着技术的进步，"肉"，这一传统意义上来源于所有动物胴体的肌肉组织迎来了新的释义，人造肉出现在大众的视野。尤其是自 2019 年起，人造肉的相关讯息铺天盖地，就像有一千个喇叭在你耳边循环播放人造肉的种种好处。

诚然，人造肉可以减少对动物的食用，也可以减少食物链中能量逐级递减带来的能量损失。但是天然肉是否真的"罪大恶极"，人造肉又是否真的适合我们？可能我们需要首先了解人造肉是什么，才能知道我们该怎么做。

人造肉分为两种，其中一种人造肉又称大豆蛋白肉（植物肉），主要靠大豆蛋白制成，富含大量的蛋白质和少量的脂肪，是一种对肉类形色和味道进行模仿的豆制品。另一种则是利用动物干细胞制造出的人造肉，研究人员用多种营养物质培育，让其在培养皿中不断长大。

从环境保护主义者的角度看，人造肉代替天然肉有很大好处。牲畜的粪便会污染土地和水源，由于共生微生物的代谢作用，它们排出的气体中含有大量的甲烷，而甲烷造成的温室效应要比二氧化碳强 25 倍。畜牧业对环境造成了相当大的压力，比如山羊会把草根挖出来吃，对草场的破坏很大。屠宰后动物的蹄、角、骨、皮和内脏往往被丢弃，造成了大量的污染。联合国粮农组织的数据则显示，当前全球陆地面积有 30% 都被用于养殖业（包括牧场和饲料田）。人类活动导致的温室气体排放中，有 18% 来自养殖业。英国牛津大学的一项研究发现，人造肉可以减缓全球气候变暖，因为人造肉将比传统畜牧业减少 35%～60% 的能耗，少占用 98% 的土地和少产生 80% 以上的温室气体。

联合国政府间气候变化专门委员会（IPCC）针对缓解全球气候问题发布的研究报告显示，为了阻止灾难性的气候变化，人类必须停止滥用土地，改变农业生产以及饮食习惯。

国内已经掀起了好几起关于人造肉的争论，为什么人们会对人造肉，尤其是植物肉反应这么大呢？

首先我们需要了解蛋白质质量评价的两种方式，分别为蛋白质消化率校正氨基酸评分（protein digestibility-corrected amino acid score，PDCAAS）以及在蛋白质消化率校正氨基酸评分基础上改进的可消化必需氨基酸评分（digestible indispensable amino acid score，DIAAS）。

蛋白质消化率校正氨基酸评分，是经消化率校正的氨基酸评分，该评分同时考虑了食物蛋白质的必需氨基酸组成、食物蛋白质的消化率、食物蛋白质能提供人体必需氨基酸需要量的能力。蛋白质消化率校正氨基酸评分得分越接近 1，说明该蛋白质营养价值越高。

蛋白质消化率校正氨基酸评分的主要局限性在于它没有考虑抗营养因子，如植酸和胰蛋白酶抑制剂，这限制了蛋白质在其他营养素中的吸收及利用率，所以蛋白质消化率校正氨基酸评分通常会高估蛋白质的营养价值。

而在可消化必需氨基酸评分系统中，以回肠对必需氨基酸的消化率为标准，使蛋白质吸收率的测量更准确。可消化必需氨基酸评分显示，动物蛋白（包括奶制品）是质量较高的蛋白。在质量上植物肉逊动物肉一等，而在口味上植物肉也远没有动物肉美味。

在某些媒体的宣传中，食用植物肉一是可以减少对动物的杀戮，对家畜更人道；二是可以减少畜牧业温室气体的排放，对环境更友好。但是在他们的广告语中只计算了原料，比如一斤植物肉用了几两豆子，却并没有计算在整个生产过程中的碳排放。并且在调整植物肉的营养配比时，许多额外的添加剂会被添加，例如用来上色的亚铁血红素，就可能是潜在的过敏原。他们大肆鼓吹植物肉的好处，却绝口不提长期不吃动物肉的危害。三岁以下的小孩对于氨基酸的需求量非常大，如果摄入不足就会影响大脑发育。而对于成年人来说长期不吃肉也会产生很大的问题。

 知识框 4.9　长期不吃肉的后果

1. 蛋白质缺乏：如果长期不吃肉，也不通过其他手段补充蛋白质，可能会导致人体氨基酸摄入不足，引起疲劳、免疫力下降、体重下降等症状。

2. 脂肪摄入不足：因为肉类中含有大量的脂肪，长期不吃肉且不通过其他手段补充脂肪，可能会导致人体脂肪酸和脂溶性维生素摄入不足，引起记忆力下降、凝血功能障碍等症状。

3. 维生素缺乏：因为肉类中含有大量的维生素 B_1、维生素 B_2 和烟酸等，尤其是脏器中含量更高，肝脏中还含有较多的维生素 A、维生素 D 和叶酸。长期不吃肉且不通过其他手段补充维生素以及叶酸，可能会导致人体维生素缺乏，引起巨幼细胞贫血、骨质疏松、记忆力下降等。

4. 微量元素摄入不足：因为肉类中富含铁、锌、镁等多种微量元素，长期不吃肉且不通过其他手段补充微量元素，可能会导致人体中的这些微量元素缺乏，引起缺铁性贫血、缺锌症、食欲下降、儿童生长缓慢等。

从狩猎动物转为驯养动物，这种变化是原始人进步的一大标志。但是近年来声名鹊起的人造肉已经带来了新的风向，不知道许多年后的人类在划分古人类进步的阶段时，会不会把人造肉登上历史舞台称为人类又一次进步的里程碑。

4.6.2 疾病的治疗

提到食物就不得不提到一个在人们的观念中和食物紧密联系的疾病——糖尿病。如果有糖尿病的遗传背景，在饮食上不加以控制，暴饮暴食，摄入过多油脂和含糖量较高的食物导致总热量超标，容易出现脂肪堆积和胰岛素抵抗，很容易诱发糖尿病。随着人们生活水平的提高，糖尿病的发病率越来越高。

弗雷德里克·格兰特·班廷（Frederick Grant Banting）和约翰·麦克劳德（John Macleod）因发现胰岛素获得1923年诺贝尔生理学或医学奖。在此之前，糖尿病患者只能束手待毙。1921年，班廷及其助手Best在多伦多大学麦克劳德的实验室从胰岛中提取得到胰岛素，并确定它有抗糖尿病的功效。1922年，班廷和麦克劳德同时发表了用胰岛素治疗糖尿病的论文。在得到诺奖后，两人都认为，此奖还应该颁给Best和Collip，但诺奖委员会未答应他们的请求。两人决定，将各自的奖金的一半分别给予Best和Collip。

在二十世纪二十年代，美国的礼来公司（Eli Lilly and Company）已经可以从屠宰场取得的动物胰脏分离出足够批量生产的胰岛素。但随着糖尿病患者的增加，光靠从动物胰脏中提取的胰岛素已远远跟不上需要。于是人工合成胰岛素便提上议事日程。美国的文森特·迪维尼奥（Vincent du Vigneaud）在博士期间发现胰岛素是一种含硫的蛋白质，并于1953年合成了第一个天然多肽激素——催产素，他因此而获得了1955年的诺贝尔化学奖。英国的弗雷德里克·桑格（Frederick Sanger）于1955年完成了胰岛素的全部测序工作，他因此而获得了1958年的诺贝尔化学奖。

桑格的这次测序持续了十几年，最初不被所有人看好。他利用自己发明的桑格试剂，也就是2,4-二硝基氟苯与胰岛素反应，使得2,4-二硝基苯基牢固地结合在胰岛素蛋白链 *N*-端的氨基上，然后用盐酸将胰岛素彻底水解，进行纸色谱，根据不同氨基酸在展开剂中的溶解度和分配系数的不同分离成一系列斑点，然后在与色谱展开垂直的方向进行电泳，发现有两个黄色氨基酸斑点，与标准氨基酸和2,4-二硝基氟苯反应产物对比，可以确定它们分别是甘氨酸和苯丙氨酸。这证明胰岛素由两条蛋白质链组成，每条蛋白质链的N-端氨基酸分别是甘氨酸和苯丙氨酸。然后分别对两个蛋白质链进行有限水解，一步步得到所有的氨基酸序列。

在桑格完成胰岛素的测序后，人工合成胰岛素就成了一项世界性的热门课题。1958年底，人工合成胰岛素项目被列入1959年我国国家科研计划，并获国家机密研究计划代号"601"，也就是"60年代第一大任务"。然而，在此之前，除了制造味精之外，我国还从未制造过任何形式的氨基酸，而氨基酸正是蛋白质合成的基本材料。在如此极端困难的条件下，一切都要从零开始。

所有人众志成城，齐头并进。中国于1965年9月17日最早做出了人工胰岛素结晶。而且，我们还有其他非常确凿的数据,譬如元素分析、色谱、电泳、旋光测定、酶解、氨基酸组成分析、指模印鉴等等。数据翔实,无可指摘。

不过虽然当时国际局势紧张,科学却没有边界,中国受到了1964年诺贝尔化学奖得主多罗西·克劳福特·霍奇金(Dorothy Crowfoot Hodgkin)的帮助。她在1934年与约翰·伯纳尔(John Bernal)获得胃蛋白酶的第一张X射线衍射照片,1942年开始进行青霉素结构分析,1948年获得维生素B_{12}的第一张X射线衍射照片,后确定这一复杂的非蛋白质化合物的结构,因此她获奖的原因便是利用X射线技术解析了一些重要生化物质的结构。她对中国胰岛素研究和人工合成牛胰岛素工作给予了多方的指导与支持,不遗余力地将中国科学家的研究成果介绍给世界科学界,1964年诺贝尔奖颁奖时还穿着中国旗袍登上诺奖领奖台。

但是需要注意的是,广义上的"首次人工合成胰岛素"并不属于中国人。据国外媒体报道,1955至1965年间,在世界范围内共有10个研究小组在进行胰岛素的人工合成。其中,最终达到了目标的,除我国的相关机构之外,还有美国匹兹堡大学医学院生物化学系的卡佐亚尼斯(P. G. Katsoyannis)小组和联邦德国羊毛研究所的查恩(H. Zahn,1916—2004)小组。如《理解胰岛素作用:原理与分子机制》(*Understanding Insulin Action: Principles and Molecular Mechanisms*)一书中说,胰岛素是在1963年被首次化学合成的,做到这点的人是Katsoyannis。《胰岛素及相关蛋白——从结构到功能与药理学》(*Insulin&Related Proteins— Structure to Function and Pharmacology*)一书进一步指出,在1963年底,或是1964年初,Zahn和Katsoyannis都掌握了正确的合成策略。这些时间点均比中国公布的时间要早。

但是,美国和德国都没有拿到胰岛素结晶,做出的产物活性很低。相比之下,中国方面的最终完成度却要高得多。国外科学界也并不是非常肯定他们所宣称的成果。譬如,日本坂田大学校长、曾在查恩实验室工作过的奥田畅就曾公开发表文章说:查恩实验室没有取得全合成胰岛素结晶,不能认为是完成了合成。

 问一问 4.5

> 胰岛素是一种治疗糖尿病的有效药物,为什么目前胰岛素用药主要通过注射,而不是口服?

人类所面对的远远不止糖尿病,蛋白质在更多疾病中发挥着作用。据世界卫生组织2021年10月报告,全球至少有22亿人患有近视或远视,在这些病例中,至少有10亿(几乎一半)可以通过预防解决,却因为眼角膜移植困境未得到救治。

造成人体视力障碍和失明的主要原因是未矫正的屈光不正和白内障,而目前能让失明的人重见光明的唯一办法只有眼角膜移植,因此视力障碍人群对眼角膜的需求极大,却很难有相应数量的眼角膜使他们重见光明。而猪皮,这一常用来做猪皮冻的原料看起来与眼角膜相差极大,却因为其中的胶原蛋白发挥出巨大的功效。

瑞典林雪平大学生物医学与临床科学系眼科的Neil Lagali教授团队从猪皮中提取了医疗级胶原蛋白制成角膜植入物BPCDX[来源于食品工业提纯的副产物,已经过美国食品药品监督管理局(FDA)批准作为医疗器械]。

在材料安全性得到验证后,团队首先在一个晚期圆锥角膜小型猪模型上植入BPCDX,虽然恢复效果很好,但是在小型猪模型中缝合通路切口时出现部分变薄和浑浊,使得团队在后来的实验中恢复使用无需缝合的FLISK实现更小的通路切口,以尽量减少人体受试者的并发症。

在进行人体临床试验阶段，研究人员在伊朗和印度获得了伦理批准来进行首个 BPCDX 植入试验，参试者为 20 个患有晚期圆锥角膜疾病的视障者，其中有 14 位参试者已经失明。研究人员没有去除患者原本的天然角膜组织，而是用飞秒激光技术添加了 BPCDX，评估了透明度、稳定性和曲率，并在手术后随访了所有患者的恢复情况。随访结果显示，患有晚期圆锥角膜疾病的所有受试者术后角膜厚度均得到改善，最大角膜曲率恢复正常。其中，14 名失明者重见光明，并且在两年后，依然保持着良好的视力。

蛋白质不仅可以使人重见光明，也能从意想不到的角度带来健康。一般提到鸡蛋我们会直观地想到鸡蛋能为我们的身体补充蛋白质，但是除了吃，鸡蛋在制药领域或许还有大的用途。早先已有科学家通过鸡蛋来生产疫苗，而 2019 年科学家已成功尝试在鸡蛋中培养出具有强大的抗癌和抗病毒作用的蛋白质。研究人员对母鸡进行基因工程改造，以产生几种类型的细胞因子：干扰素 α2a（IFN alpha2a）和两种类型（人和猪）的融合集落刺激因子（CSF1）蛋白。IFN alpha2a 具有抗病毒特性，也可用于癌症治疗；而 CSF1 在组织修复过程中具有很大潜力。

为了生产这些细胞因子，研究人员将它们编码的基因整合到母鸡的 DNA 中，这样细胞因子就会成为母鸡表达的蛋白质的一部分。然后，研究人员通过简单的纯化系统轻松提取细胞因子。研究小组指出，这种方法不会影响母鸡的健康，而且大量生产治疗性细胞因子将更具成本效益，因为只需要三个鸡蛋就能产生可用的剂量。

目前普瑞纳公司正在测试一种特殊猫粮来对抗猫过敏。猫使人过敏的主要原因是猫毛上附着的一种叫 Feld 的特殊蛋白，如果把这种蛋白质注射进母鸡的体内，母鸡的免疫系统会在消灭它们的同时产生抗体，抗体还会出现在鸡蛋中遗传给小鸡。如果猫吃了这样的鸡蛋，抗体就会进入猫的身体，把 Feld 消灭，人就不会对猫毛过敏了。普瑞纳公司试图通过在猫粮中加入这种特殊的鸡蛋蛋黄来降低猫分泌的主要致敏蛋白，从源头解决过敏问题。

1972 年诺贝尔生理学或医学奖的得主杰拉尔德·埃德尔曼（Gerald M. Edelman）和罗德尼·罗伯特·波特（Rodney R. Porter）发现抗体的化学结构。1961 年埃德尔曼发现免疫球蛋白 G 的化学结构，1969 年波特发现抗体的氨基酸顺序，他们两人的研究成果促进了分子免疫学的创立。两人都提出抗体分子是由两对链组成：轻链和重链。随后波特构建出后来普遍为人们所接受并且各方面细节都相符合的抗体分子模型（Y）。埃德尔曼将荧光光谱学和荧光探针技术用于蛋白质研究，并发明了分子与细胞分离的新方法。他后期的兴趣还包括对蛋白质一级和三维结构、植物有丝分裂原结构和功能以及细胞表面的研究。

经过本章的学习想必大家对蛋白质有了更深刻的理解，宏观来看，衣食住行："衣"，洗衣粉里有可以分解污渍的酶，如蛋白酶、脂肪酶、淀粉酶和纤维素酶；"食"，我们的唾液和胃中有多种酶帮助我们消化，如唾液淀粉酶、溶菌酶、黏蛋白酶和胃蛋白酶；"住"，蛋白质是人体的"建筑师"，也是身体的"建筑材料"，所有的酶都可以看作人体的砖石；"行"，运动后摄入充足的蛋白质可以帮助肌肉生长和修复。生活中的方方面面都和蛋白质有着密不可分的关系。而微观来看，了解蛋白质的结构对人类的疾病与健康也有着重要影响。

本章中已经涉猎到了一些研究蛋白质的分析仪器，下一章将会带来更加广阔的视野，带领你们去了解更多生物大分子以及各种生物分析仪器的前世今生，探究它们将会怎样帮助我们的科研与生活。

参考文献

[1] https://www.nobelprize.org.

[2] Adamala K, Szostak J W. Nonenzymatic template-directed RNA synthesis inside model protocells. Science, 2013, 342(6162): 1098-1100.

[3] Anishchenko I, Pellock S J, Chidyausiku T M, et al. De novo protein design by deep network hallucination. Nature, 2021, 600(7889): 547-552.

[4] Arunachalam P S, Walls A C, Golden N, et al. Adjuvanting a subunit COVID-19 vaccine to induce protective immunity. Nature, 2021, 594(7862): 253-258.

[5] Barrio-Hernandez I, Yeo J, Jänes J, et al. Clustering-predicted structures at the scale of the known protein universe. Nature, 2023, 622: 637-645.

[6] Berman H. The Protein Data Bank: a historical perspective. Acta Crystallographica Section A, 2008, 64(1): 88-95.

[7] Chait B T. Mass spectrometry in the Postgenomic Era. Annual Review of Biochemistry, 2011, 80(1): 239-246.

[8] Chen G, Liu Y, Goetz R, et al. α-Klotho is a non-enzymatic molecular scaffold for FGF23 hormone signalling. Nature, 2018, 553(7689): 461-466.

[9] Chen K, Arnold F H. Engineering new catalytic activities in enzymes. Nature Catalysis, 2020, 3(3): 203-213.

[10] Chernov A A. Protein crystals and their growth. Journal of Structural Biology, 2003, 142(1): 3-21.

[11] Consortium W. Protein Data Bank: the single global archive for 3D macromolecular structure data. Nucleic Acids Research, 2018, 47(D1): D520-D528.

[12] Coste B, Mathur J, Schmidt M, et al. Piezo1 and Piezo2 are essential components of distinct mechanically activated cation channels. Science, 2010, 330(6000): 55-60.

[13] Crick F H C. Polypeptides and proteins : X-ray studies. University of Cambridge, 2013.

[14] Dauparas J, Anishchenko I, Bennett N, et al. Robust deep learning based protein sequence design using ProteinMPNN. Science, 2022, 378(6615): 49-56.

[15] Deisenhofer J, Epp O, Miki K, et al. Structure of the protein subunits in the photosynthetic reaction centre of Rhodopseudomonas viridis at 3Å resolution. Nature, 1985, 318(6047): 618-624.

[16] Doerr A. Cryo-electron tomography. Nature Methods, 2017, 14(1): 34-34.

[17] Doyle D A, Cabral J M, Pfuetzner R A, et al. The Structure of the potassium channel: molecular basis of K$^+$ conduction and selectivity. Science, 1998, 280(5360): 69-77.

[18] Fasan R, Jennifer Kan S B, Zhao H. A continuing career in biocatalysis: Frances H. Arnold. ACS Catalysis, 2019, 9(11): 9775-9788.

[19] Greider C W, Blackburn E H. Identification of a specific telomere terminal transferase activity in Tetrahymena extracts. Cell, 1985, 43(2 Pt 1): 405-413.

[20] Gutte B, Merrifield R B. The synthesis of ribonuclease A. The Journal of Biological Chemistry, 1971, 246(6): 1922-1941.

[21] Hardin P E, Hall J C, Rosbash M. Feedback of the *Drosophila* period gene product on circadian cycling of its messenger RNA levels. Nature, 1990, 343(6258): 536-540.

[22] Helliwell J. Protein crystal perfection and its application. Acta Crystallographica Section D, 2005, 61(6): 793-798.

[23] Herbert B-S. The impact of telomeres and telomerase in cellular biology and medicine: it's not the end of the story. Journal of Cellular and Molecular Medicine, 2011, 15(1): 1-2.

[24] Julius D. TRP channels and pain. Annual Review of Cell and Developmental Biology, 2013, 29: 355-384.

[25] Jumper J, Evans R, Pritzel A, et al. Highly accurate protein structure prediction with AlphaFold. Nature, 2021, 596(7873): 583-589.

[26] Kan S B J, Lewis R D, Chen K, et al. Directed evolution of cytochrome c for carbon-silicon bond formation: Bringing silicon to life. Science, 2016, 354(6315): 1048-1051.

[27] Krishna R, Wang J, Ahern W, et al. Generalized biomolecular modeling and design with RoseTTAFold All-Atom. Science, 2024, 0(0): eadl2528-eadl2528.

[28] Kume K, Zylka M J, Sriram S, et al. mCRY1 and mCRY2 are essential components of the negative limb of the circadian clock feedback loop. Cell, 1999, 98(2): 193-205.

[29] Minkyung B, Frank D, Ivan A, et al. Accurate prediction of protein structures and interactions using a three-track neural network. Science, 2021, 373(6557): 871-876.

[30] Mirdita M, Schütze K, Moriwaki Y, et al. ColabFold: making protein folding accessible to all. Nature Methods, 2022, 19(6): 679-682.

[31] Myers M P, Wager-Smith K, Rothenfluh-Hilfiker A, et al. Light-induced degradation of TIMELESS and entrainment of the *Drosophila* circadian clock. Science, 1996, 271(5256): 1736-1740.

[32] Reetz M T. Laboratory evolution of stereoselective enzymes: a prolific source of catalysts for asymmetric reactions. Angewandte Chemie International Edition, 2010, 50(1): 138-174.

[33] Rosbash M. Life Is an N of 1. Cell, 2017, 171(6): 1241-1245.

[34] Schaafsma G. The protein digestibility-corrected amino acid score. The Journal of Nutrition, 2000, 130(7): 1865S-1867S.

[35] Schmidt-Dannert C, Umeno D, Arnold F H. Molecular breeding of carotenoid biosynthetic pathways. Nature Biotechnology, 2000, 18(7): 750-753.

[36] Sehgal A, Rothenfluh-Hilfiker A, Hunter-Ensor M, et al. Rhythmic expression of timeless: a basis for promoting circadian cycles in period gene autoregulation. Science, 1995, 270(5237): 808-810.

[37] Senior A W, Evans R, Jumper J, et al. Improved protein structure prediction using potentials from deep learning. Nature, 2020, 577(7792): 706-710.

[38] Suleman S, Chhabra G, Raza R, et al. Association of CARD14 single-nucleotide polymorphisms with psoriasis. International Journal of Molecular Sciences, 2022, 23(16): 9336.

[39] Taylor G. The phase problem. Acta Crystallographica Section D, 2003, 59(11): 1881-1890.

[40] Timmers P R H J, Tiys E S, Sakaue S, et al. Mendelian randomization of genetically independent aging phenotypes identifies LPA and VCAM1 as biological targets for human aging. Nature Aging, 2022, 2(1): 19-30.

[41] Watson J L, Juergens D, Bennett N R, et al. De novo design of protein structure and function with RFdiffusion. Nature, 2023, 620: 1089-1100.

[42] Wayment-Steele H K, Ojoawo A, Otten R, et al. Predicting multiple conformations via sequence clustering and AlphaFold2. Nature, 2024, 625(7996): 832-839.

[43] Wicky B I M, Milles L F, Courbet A, et al. Hallucinating symmetric protein assemblies. Science, 2022, 378(6615): 56-61.

[44] Wu R, Ding F, Wang R, et al. High-resolution de novo structure prediction from primary sequence. BioRxiv: 2022.07.21.500999.

[45] Xiao Y, Yuan Y, Jimenez M, et al. Clock proteins regulate spatiotemporal organization of clock genes to control circadian rhythms. Proceedings of the National Academy of Sciences, 2021, 118(28): e2019756118.

[46] Xing R, Yuan C, Fan W, et al. Biomolecular glass with amino acid and peptide nanoarchitectonics. Science Advances, 2023, 9(11): eadd8105.

[47] Yang Y, Arnold F H. Navigating the unnatural reaction space: directed evolution of heme proteins for selective carbene and nitrene transfer. Accounts of Chemical Research, 2021, 54(5): 1209-1225.

[48] Zhu Y, Prata L G P L, Gerdes E O W, et al. Orally-active, clinically-translatable senolytics restore a-Klotho in mice and humans. eBioMedicine, 2022, 77: 103912.

第 5 章
观察生物大分子的眼睛

"人生最大的快乐不在于占有什么,而在于追求的过程。"
——阿尔弗雷德·诺贝尔

"The greatest joy in life is not the possession of anything, but what is the process of pursuing."
——Alfred Nobel

"我要把人生变成科学的梦,然后再把梦变成现实。"
——玛丽·居里(1903 年诺贝尔物理学奖及 1911 年诺贝尔化学奖得主)

"I want to turn life into a scientific dream, and then turn the dream into reality."
——Marie Skłodowska Curie

5.1 生命现象的本质——生物大分子的结构与功能

地球之所以生机勃勃，是因为有无数的动物、植物、微生物这些生命体在这颗蓝色星球上繁衍生息，每个个体都好比一栋建筑，有的是高楼大厦，有的是低矮茅屋。建筑中的砖瓦、房屋里的家具和管线，就像是每一个完整生物体离不开的生物大分子，它们各司其职又相互作用，与构成生物体的生物大分子间的相互作用有异曲同工之处。

那么生物大分子具体有哪些呢？作为生物大分子的物质虽多，但基本可以归为以下四类：蛋白质、核酸、多糖和脂质。多糖和脂质的合成需要酶的催化来完成，它们与蛋白质结合形成的糖蛋白和脂蛋白进一步增加了蛋白质结构和功能的多样性。蛋白质是在核酸指导下合成的，而包括核酸合成在内的生物功能都需要蛋白质来实现。多糖与脂质无论是结构的复杂性还是功能的重要性都不及核酸与蛋白质。因此，最重要的生物大分子就是蛋白质和核酸。

第二次世界大战之后，日本政府为提高国民身体素质，提出"一杯牛奶强壮一个民族"的说法，其中一个重要原因就是牛奶中含有容易被人体吸收利用的优质蛋白。其实，鸡蛋的蛋白（蛋清）中就含有大量的蛋白质。蛋白质是一类最重要的生物大分子，旧称"朊"，月与肉有关，元就是第一重要的，其英文单词"protein"源于希腊语"proteios"，意为"最初的""第一重要的"。近现代的研究也印证了其在生命体中的重要地位。

蛋白质是生命活动的主要承担者，是细胞中的"工农兵"。从元素组成来看，蛋白质主要含有碳、氢、氧、氮四种元素，有的还含有硫、磷、铁、镁、碘等其他元素，这些元素在蛋白质中的组成占比约为：碳 50%、氢 7%、氧 23%、氮 16%、硫 0% ～ 3% 以及其他微量元素。

蛋白质广泛存在于我们常见的食物中，比如肉类、蛋类、豆类等（图 5.1）

图 5.1 富含蛋白质的食物

从结构组成来看，氨基酸是构成蛋白质的基本单位，其中心的一个碳原子的四个键分别连着氨基（—NH_2）、羧基（—COOH）、氢原子和侧链基团（—R），就像中心的湖辐射状地连着四条小河（图 5.2）。不同的 R 基决定了氨基酸种类的不同，常见的氨基酸共有 20 种，如表 5.1 所示。构成生物体的氨基酸都是 α-氨基酸，氨基和羧基连在同一个碳原子上。

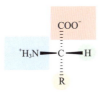

图 5.2 氨基酸的结构简式（通式）

表 5.1　常见的 20 种氨基酸侧链 R 基

名称	侧链（R 基）	英文名称	缩写	代号
甘氨酸	—H	glycine	Gly	G
丙氨酸	—CH$_3$	alanine	Ala	A
缬氨酸	—CH(CH$_3$)$_2$	valine	Val	V
亮氨酸	—CH$_2$CH(CH$_3$)$_2$	leucine	Leu	L
异亮氨酸	—CH(CH$_2$CH$_3$)(CH$_3$)	isoleucine	Ile	I
丝氨酸	—CH$_2$—OH	serine	Ser	S
苏氨酸	—CH(OH)CH$_3$	threonine	Thr	T
脯氨酸	H$_2$C(CH$_2$—)(CH$_2$—)	proline	Pro	P
天冬氨酸	—CH$_2$COOH	aspartate	Asp	D
天冬酰胺	—CH$_2$CONH$_2$	asparagine	Asn	N
谷氨酸	—CH$_2$CH$_2$COOH	glutamate	Glu	E
谷氨酰胺	—CH$_2$CH$_2$CONH$_2$	glutamine	Gln	Q
赖氨酸	—CH$_2$CH$_2$CH$_2$CH$_2$NH$_2$	lysine	Lys	K
精氨酸	—CH$_2$CH$_2$CH$_2$NHC(NH$_2^+$)(NH)	arginine	Arg	R
半胱氨酸	—CH$_2$SH	cysteine	Cys	C
蛋氨酸	—CH$_2$CH$_2$SCH$_3$	methionine	Met	M
组氨酸	—CH$_2$—(咪唑环)	histidine	His	H
色氨酸	—CH$_2$—(吲哚环)	tryptophan	Trp	W
苯丙氨酸	—CH$_2$—C$_6$H$_5$	phenylalanine	Phe	F
酪氨酸	—CH$_2$—C$_6$H$_4$—OH	tyrosine	Tyr	Y

蛋白质的功能如此精细而丰富，那么一定是由它的结构决定的，对吧？

相邻两个氨基酸在酶的作用下，一个氨基脱去氢，一个羧基脱去羟基，生成一分子水形成肽键。氨基酸之间由肽键（—CO—NH—）连接形成肽链。蛋白质具有四个级别的结构。

以人体为例，蛋白质是人体组织的重要组成部分，在正常成人体内含量约为 18%。作为生命活动的主要承担者，蛋白质有催化、运输和贮存、机械支持、运动、免疫防护、接受和传递信息、调节代谢和基因表达等功能。

蛋白质是执行者，当然离不开指挥和引导。丰富多样的蛋白质是靠谁来指导合成的呢？是遗传信息的载体——核酸。

生命体有别于无生命体的一个突出特点是具有繁殖能力及遗传特性，影视剧中常出现亲子鉴定的桥段，最常用的方法就是通过比对两个样本（通常采集血液、体表毛发以及口腔细胞）的遗传信息，从而确定或排除亲缘关系。核酸作为遗传信息的载体，是一类由核苷酸聚合而成的生物大分子，而核苷酸则是由戊糖（即五碳糖，主要包括核糖和脱氧核糖）、碱基和磷酸基团组成，根据戊糖的不同可分为脱氧核糖核酸（deoxyribonucleic acid，DNA）和核糖核酸（ribonucleic acid，RNA）两类。在真核生物中，DNA 主要存在于细胞核中，是遗传信息的载体，可与结构蛋白结合形成染色质或染色体，而 RNA 可以存在于细胞任意位置以执行 DNA 的命令。

 知识框 5.1　左旋氨基酸与右旋糖

> 生物界的单糖、氨基酸，绝大多数带有手性（旋光性）。当一个 sp^3 杂化的碳原子与 4 个不同的基团连接时，会出现两种呈镜面对称的立体结构，犹如左手和右手，可以用 R/S、D/L 或左旋 / 右旋来区分。
>
> 生物界绝大多数的氨基酸为左旋，单糖为右旋，二者的旋光性使得它们可以相互配合完成各项生命活动。研究表明，地球早期也有不少右旋氨基酸和左旋糖，但后来逐渐被淘汰了。不过某些微生物细胞壁上的寡肽中含有少量右旋氨基酸，可能是想"搞点特殊"，为了防止外界酶将其破坏。

自然界的"糖"并不局限于我们日常所吃的蔗糖、麦芽糖等具有甜味的糖，而是一大类多羟醛或多羟酮类化合物的总称，主要含有 C、H、O 三种元素，且多能用 $C_m(H_2O)_n$ 表示，也就是大家熟知的"碳水化合物"。不能被水解成更小分子的糖类是单糖。多糖则是水解产生 20 个以上单糖分子的大分子糖类，最常见的要数淀粉和纤维素了，两者组成完全一样，都是由葡萄糖聚合而成的，但性质却大不一样。含有纤维素的木材和棉花在自然界中很难降解，但含有淀粉的大米和面粉却极易腐烂降解，差别仅在葡萄糖的连接方式上。淀粉是由构成直链的 α-1,4 糖苷键和构成支链的 α-1,6 糖苷键连接葡萄糖组成，纤维素是由构成直链的 β-1,4 糖苷键连接葡萄糖组成。如图 5.3 中圈中所标示的结构，淀粉葡萄糖与相邻葡萄糖的糖苷连接键"—O—"是在葡萄糖环的下侧，而纤维素糖苷连接键是在葡萄糖环的上侧。一"键"之差，天壤之别！糖类物质占植物的干重为 85%～90%，动物的则小于 2%，食物链的方向可见一斑。虽然动物体内的糖含量不高，但却是生命活动的主要"燃料"。除此之外，多糖还常作为生物体的结构成分，如植物中的纤维素、细菌细胞壁中的肽聚糖、甲壳类动物外骨骼中的壳聚糖等，与蛋白质结合形成的糖蛋白还能化身为细胞识别的信息分子。

在这个以瘦为美的时代，许多人"谈脂色变"，吃菜要吃无油的，喝奶要喝脱脂的，生怕转化成身上的赘肉，我们真的需要对脂肪说不吗？脂类的高热量决定了它是一种产能高的供能物质和良好的保温材料，为什么棕熊要在冬眠前大量进食囤积脂肪，为什么海豹、企鹅能在严寒的极地悠哉生活，这些都离不开脂肪的巨大贡献。实际上，日常所说的脂肪只是脂质的一部分，一般指甘油三酯，除此之外还有磷脂、蜡、萜类、类固醇等。从化学本质上来说大多数脂质是脂肪酸和醇所形成的酯类及其衍生物。甘油三酯是脂肪酸与甘油三个羟基形成的三酯；磷脂包括磷酸与二酰基甘油结合形成的甘油磷脂和磷酸与鞘氨醇脂肪酸酯形成的鞘磷脂，是构成细胞膜、细胞器膜的主要成分之一；蜡是长链脂肪酸和长链一元醇或固醇形成的酯。而萜类和类固醇不含脂肪酸。萜类是由两个或多个异戊二烯五碳单位连接而成的；类

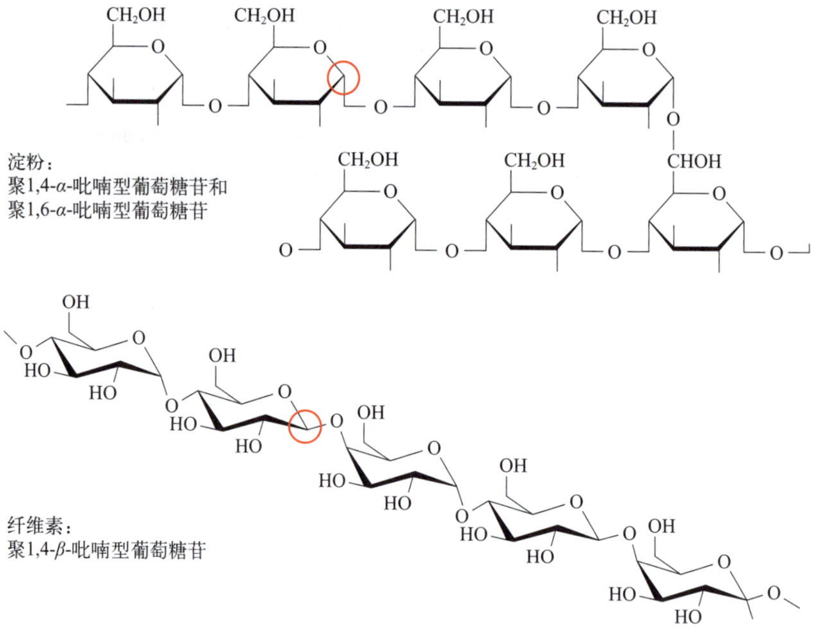

图 5.3　两种常见多糖的结构

固醇也称甾类,主骨架结构为环戊烷多氢菲。与百万级分子量的蛋白质、核酸和多聚糖相比,一些脂类的分子量较小,通常不将分子量在 750～1500 范围内的脂类归入生物大分子行列。

5.1.1　蛋白质分子的结构与功能

一个完整的拥有四级结构的蛋白质分子就像是一件精美的手工艺品,每个氨基酸都是一颗珠子,为了方便连接两边各留出一个"线头",也就是氨基和羧基,两个线头捏在一起剪掉多余部分(脱水)就变成了肽键,于是在肽键的连接下得到了一串珠子——蛋白质的一级结构,比如:……亮氨酸-谷氨酸-丝氨酸-谷氨酸……。直直的一条链显然不好用也不好看,于是正如第 4 章中所介绍的,一级结构再折叠成二级结构、三级结构,就既好用(有功能)又好看了。将两个及以上三级结构通过非共价键组装到一起,又形成了四级结构。图 5.4 以血红蛋白为例展示蛋白质的四级结构。

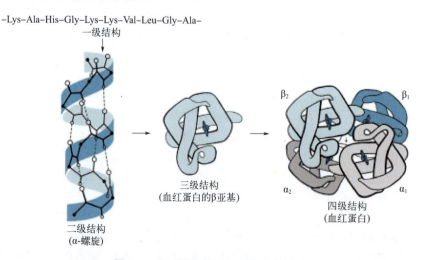

图 5.4　血红蛋白的四级结构示意图

知识框 5.2　蛋白质折叠的关键因素——二硫键

二硫键（disulfide bond）是连接不同肽链或同一肽链中两个半胱氨酸残基中的巯基脱去两个氢原子组成的化学键，是比较稳定的共价键，对稳定肽链空间结构、使蛋白质折叠为正确的高级结构起到重要的作用。二硫键数目越多，蛋白质分子对抗外界因素影响的稳定性就越强。

如果将正确折叠、具有一定功能的蛋白质加入尿素和巯基乙醇，则失去空间结构，恢复成二硫键。去除尿素和巯基乙醇后，肽链还能够正常折叠，可见二硫键的形成对于引导蛋白质形成特定结构具有重要意义。

蛋白质是生命活动的主要承担者，生物界中的种类在 $10^{10} \sim 10^{12}$ 数量级，20 种不同氨基酸的不同排序是蛋白质结构和生物功能多样性的基础，蛋白质的功能主要包括：①构建动物机体的原材料，行使运动功能，如肌肉蛋白；②作为糖类、脂肪能源供给的后备军，蛋白质可分解为氨基酸，通过中心碳代谢途径转化为糖类或脂肪，提供能量；③作为营养物质的储存形式；④生理功能的调节器。蛋白质的生理功能如表 5.2 所示。

表 5.2　蛋白质的生理功能

功能	功能说明	举例
催化	蛋白质最重要的生物功能之一，作为生化反应催化剂——酶，酶参与的反应条件温和，催化效率远大于合成催化剂	RNA 聚合酶、DNA 聚合酶、淀粉酶、葡萄糖氧化酶、脂肪酶等
调节	蛋白质可以调控身体新陈代谢和细胞的增殖分化以及机体的生长繁殖	我们最熟悉的调节血糖的胰岛素，还有帮助我们长高的生长激素等
转运	这部分蛋白质负责运输物质，例如血红蛋白是氧气的搬运工，它能将氧气从肺部运送到全身各处的组织器官，但血红蛋白更容易与 CO 等窒息性气体结合，从而阻碍了氧气的运输和利用，导致中毒或窒息	膜蛋白中的通道蛋白（如钠、钾离子通道蛋白）、载体蛋白（如钠钾泵蛋白、H^+-ATPase 等）
防御和进攻	手上的小伤口一会儿就能自己止血，是因为血液中有凝血蛋白；脊椎动物体内的免疫球蛋白和抗体可以保护机体免受外来物质的干扰，预防传染病注射的疫苗就是为了让人体产生抗体并记住这种入侵者。两种方式都是发挥保护作用	抗体、细胞因子等。细胞因子是一类蛋白，包括淋巴因子，可以调节 T 细胞、B 细胞等免疫细胞的活性

生物体的几乎一切工作运转都需要蛋白质的参与，其多样化的功能体现了其在生物体生长发育、代谢等方面的不可或缺的重要地位。

 知识框 5.3　抗体与新型冠状病毒感染

抗体（antibody）是由浆细胞（效应 B 细胞）合成并分泌出来的一种重要的免疫球蛋白，有 Y 字形结构，能和病原体或异物分子结合。在人体对抗新型冠状病毒感染的过程中，浆细胞可以分泌出成千上万的蛋白质抗体，将冠状病毒的"冠"（"冠"其实是刺突糖蛋白，简称 S 蛋白）牢牢锁住，使新冠病毒失去感染我们细胞的能力，并成为其他细胞"口中的点心"。

5.1.2 核酸分子的结构与功能

DNA 的一级结构是鸟嘌呤（G）、腺嘌呤（A）、胞嘧啶（C）和胸腺嘧啶（T）四种碱基对应的脱氧核糖核苷酸按一定顺序排列，中间以磷酸二酯键相连而成的多聚核苷酸。DNA 的二级结构就是鼎鼎大名的 DNA 双螺旋模型，它的建立是 20 世纪最伟大的自然科学成果之一，不仅描述了 DNA 分子的结构特征，还揭示了半保留复制过程，为分子生物学的学科发展奠定了基础。两条 DNA 单链依照碱基互补配对原则，即 A 和 T、G 和 C，通过氢键相连，得到反向平行的 DNA 双链。双螺旋 DNA 进一步扭曲盘绕则形成其三级结构，超螺旋是主要形式，通常环状的 DNA 会处于超螺旋状态，这是因为环状的线性分子内的张力无法得到释放，因此会像电话线一样发生超螺旋。DNA 的首要任务自然是将亲代的遗传信息传递给子代，子代 DNA 分子其中的一条链来自亲代，另一条链是新合成的，这种方式称半保留复制。半保留复制以亲代为模板，保证了复制的准确性。

RNA 的一级结构是鸟嘌呤（G）、腺嘌呤（A）、胞嘧啶（C）和尿嘧啶（U）四种碱基对应的核糖核苷酸按一定顺序排列的多聚核苷酸，与 DNA 相比，RNA 的种类、大小、结构都较为丰富，决定了其功能多样化。其中，mRNA 通常为一条线性单链，有时内部也存在局部双螺旋，作为"信使"把细胞核（或拟核）的遗传信息传递给细胞质，根据碱基互补配对原则，借助 RNA 聚合酶等酶类，负责准确转录 DNA 的遗传信息；rRNA 是核糖体的骨架，占细胞总 RNA 量的 75%～85%，存在复杂的二级结构，形状不固定。通常与蛋白质结合的 tRNA 仅由 70～90 个核苷酸组成，是最小的 RNA，在翻译时负责搬运游离氨基酸，和氨基酸结合后成为氨酰 tRNA，tRNA 内部存在高比例的碱基互补配对，由此形成了三叶草形状的二级结构，由氨基酸臂、二氢尿嘧啶环、反密码环、TψC 环和额外环五部分组成。由此可知，RNA 主要负责生产蛋白质，这部分内容在第 3 章中已有详述。除了这些熟知的功能外，还有一些 RNA 具有催化活性，即有酶的功能，属于酶类，称为核酶。一些非编码 RNA 还可以参与各种各样的调节途径，其调控失衡将会引起一系列疾病。

诺奖小故事 5.1　核酶的发现

1983 年，西德尼·奥特曼（Sidney Altman）研究发现：在较高浓度的 Mg^{2+} 和适量精氨酸参与下，核糖核酸酶 P（RNase P）中的 RNA 能够切割 tRNA 前体的 5′ 端。

过去认为核糖核酸酶 P 的催化作用由 RNA 和蛋白质共同完成。而该实验证明，核糖核酸酶 P 的催化作用是由 RNA 完成的，而其中的蛋白质在细胞内仅仅起稳定构象的作用。由于这类酶具有类似核糖核酸酶功能，而化学本质为核酸，因此被奥特曼称之为核酶。

而另一位科学家托马斯·切赫（Thomas Cech）发现四膜虫转录产物 rRNA 前体很不稳定，在鸟苷和 Mg^{2+} 存在下切除自身 413 个核苷酸组成的内含子，使两个外显子拼接起来，变成成熟的 rRNA，说明 rRNA 分子发挥了催化作用。

由于切赫和奥特曼对发现具有催化活性的 RNA 分子的贡献，因此共同获得了 1989 年诺贝尔化学奖。

5.1.3　天作之合——蛋白质与核酸（"剪不断，理还乱"的关系）

20 世纪中叶，科学家发现染色体主要是由蛋白质和 DNA 组成的，当时一度认为蛋白质才是遗传物质。直到 1944 年，美国科学家奥斯瓦德·西奥多·埃弗里（Oswald Theodore Avery）在英国细菌学家弗雷德里克·格里菲斯（Frederick Griffith）研究的基础上进行的肺炎双球菌转化实验，以及 1952 年艾尔弗雷德·戴·赫尔希（Alfred Day Hershey）和玛莎·蔡斯（Martha Chase）的噬菌体侵染细菌实验，均证实了 DNA 是遗传物质而非蛋白质。DNA 四种碱基的排列顺序，可以储存大量的遗传信息，存储密度甚至比我们常见的硬盘还要高，不愧是优良的遗传信息储存者！

沃森和克里克在 1953 年提出 DNA 双螺旋模型后，克里克又在 1957 年阐述了中心法则：遗传信息从 DNA 到 DNA（复制），从 DNA 到 RNA（转录），从 RNA 到蛋白质（翻译）。随着研究的深入，1970 年，霍华德·马丁·特明和戴维·巴尔的摩分别从 RNA 病毒中发现了一种能催化以单链 RNA 为模板合成双链 DNA 反应的酶，从而证明了逆转录现象的存在。逆转录的发现使人们对生命信息的传递有了更充分的认识，同时完善了中心法则，参考第 3 章。

RNA 是 DNA 的转录产物，与蛋白质共同负责基因的表达和表达过程的调控，DNA 是总指挥，RNA 需要将上级指令传达下去，培养了生命活动的执行者——蛋白质。mRNA 上每三个相邻的碱基序列作为一组，与 20 种氨基酸存在对应关系，像加密电报一样，故而被称作密码子，这是从核酸到蛋白质的基础。蛋白质生物合成是细胞代谢最复杂也是最核心的过程，有 200 多种生物大分子参与，以 20 种氨基酸为原料，以 mRNA 为模板，以 tRNA 为运载工具，以核糖体为合成工厂。

蛋白质和核酸依靠着紧密配合，相互扶持帮助完成基础生命活动。即使是小至流感病毒、冠状病毒等的生命体，靠着简单的结构，亲代也会"生很多孩子"——合成下一代的核酸，再"给很多孩子盖房"——表达出衣壳蛋白。从最简单的病毒到最复杂的人类，生命活动都离不开蛋白质与核酸的密切合作，两者真是天作之合呀！

DNA、RNA 和蛋白质，最初只是以简单的形式组合，经过了几十亿年的"艰苦过程"才进化出人类——而人类终于可以认识它们的本质了，想必这些生物大分子也会感到欣慰吧。然而人类是借助什么工具来探索它们的奥秘的呢？

5.2 生物大分子分析技术——工欲善其事，必先利其器

极大与极小，一直是科学研究中的两个方向，大到浩瀚宇宙，小到分子原子。正所谓"眼见为实"，人们对世界的认知很大程度建立在眼睛观察的基础上，但是人类裸眼的分辨率大约是 0.1mm，好奇心是人们探索未知最原始的驱动力，而人类与其他动物的根本区别在于能够创造并使用工具，对微观世界的探索史也是仪器的发明史。图 5.5 为发展出的四种生物大分子分析设备。

5.2.1 X 射线衍射——最早看到了生物大分子的光学探测方法

在介绍 X 射线衍射（X-ray diffraction，XRD）技术之前，我们首先要了解什么是 X 射线，是奥特曼眼睛发射的激光吗？当然不是啦！X 射线是一种不可见光，波长范围在 $10^{-8} \sim 10^{-12}$m 之间，它的本质是电磁波，具有波粒二象性，相比于可见光，X 射线具有较短波长和较高频率，能穿透一定厚度的物质，具有衍射能力。

医院里的 X 射线检查原理其实是当 X 射线透过人体不同组织结构时，被吸收的程度不同，所以到达荧屏或胶片上的 X 射线量有差异，这样，在荧屏或胶片上就形成明暗或黑白对比不同的影像。简单来讲，X 射线衍射就是一束 X 射线透过需要检测结构的晶体，将得到的衍射图

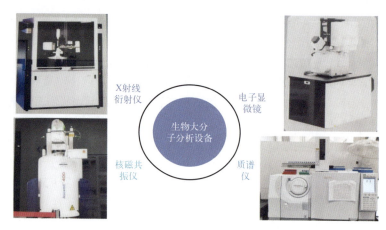

图 5.5　生物大分子分析设备
图片来源：北京理工大学工业生态楼

样进行分析和重构，从而得到待测物的结构的技术。X 射线衍射是生物大分子分析的主要手段。

利用 X 射线还可以对人体进行断面扫描，可用于多种疾病的检查。将放射性核素（如 ^{18}F 等）标记到葡萄糖上，作为人体代谢物显像剂，在肿瘤组织病灶部位，肿瘤细胞代谢生长较正常组织细胞异常活跃，通过 X 射线扫描可观察到病变组织对标记葡萄糖的异常吸收，从而对恶性肿瘤进行诊断。图 5.6 为食管癌患者葡萄糖放射标记 X 射线扫描图，可以清楚地看到距门齿 19～25cm 的食管道（左黑色、右银灰色）发生癌变。

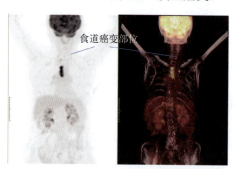

图 5.6　葡萄糖放射标记 X 射线人体扫描图
图片来源：北京大学肿瘤医院

公元 1 世纪，罗马人发现中间厚边缘薄的透明玻璃可以放大字，16 世纪末有了放大倍数在 6～10 倍的"跳蚤镜"。直到 17 世纪末，荷兰商人列文虎克发明了世界上第一台真正意义上的显微镜，放大倍数最高可达 300 倍，第一次看到了细菌，微生物世界从此进入人类的视野，生命科学进入细胞水平。

 知识框 5.4　科学史话：列文虎克与显微镜——"玩出了名堂"

> 列文虎克（Antonie Philips van Leeuwenhoek）是荷兰商人，每天喜欢磨玻璃制作镜片。有一天，他试着把两个放大镜叠用起来，发现看到了前所未有的新奇事物——另一个平时看不到的世界。那是一个"小人国"，"小人国"里的"居民"，比地球上的居民要多得多。英国皇家学会在知道了他的研究发现后，便聘请他为会员。

18 世纪是承上启下的发展阶段,有人从理论上研究成像原理,有人不断精琢玻璃制造和研磨工艺,有人开发新型材料,消除了色差也使得成像变得更清晰。荷兰科学家弗里茨·泽尔尼克(Frits Zernike)发明的"相差显微镜"利用光的衍射和干涉现象,可以观察用普通光学显微镜无法看清的无色透明活细胞,且不需要染色工序。因此,弗里茨·泽尔尼克获得了 1953 年诺贝尔物理学奖。然而,光学显微镜的局限性在于无法用来观察小于可见光波长的物质。

威廉·康拉德·伦琴(Wilhelm Conrad Röntgen)于 1895 年发现了 X 射线,标志着现代物理学的诞生,为诸多学科提供了一种新的研究手段,他也因此获得 1901 年诺贝尔物理学奖。

1912 年,马克斯·冯·劳厄(Max von Laue)等人根据理论预见,证实了晶体材料中的原子是周期性排列的,就像上学的时候,端正地坐在座位上的学生。原子之间相距几十到几百皮米,约 $10^{-9} \sim 10^{-11}$ m。当一束单色 X 射线入射到晶体时,由于晶体是由原子规则排列成的晶胞组成,原子间距离与入射 X 射线波长有相同的数量级,也就是大致相等,故由不同原子散射的 X 射线相互干涉,在某些特殊方向上产生强 X 射线衍射,衍射线在空间分布的方位和强度与晶体结构密切相关,通过观察衍射图谱中每个方向上产生的峰强度,就可以知道该晶体内部的原子排列规律,这就是 X 射线衍射的基本原理。马克思·冯·劳厄由于发明 X 射线衍射技术以及证明晶体的点阵结构,获得 1914 年诺贝尔物理学奖。

1913 年英国物理学家布拉格父子,威廉·劳伦斯·布拉格(William Lawrence Bragg)和他的父亲威廉·亨利·布拉格(William Henry Bragg)在劳厄发现的基础上,不仅成功地测定了 NaCl、KCl 等的晶体结构,还提出了作为晶体衍射基础的著名公式——布拉格方程:

$$2d\sin\theta = n\lambda$$

式中 d——晶面间距,nm;

n——反射系数;

θ——投射线与晶体面之间的夹角,rad;

λ——X 射线的波长,nm。

布拉格方程是 X 射线衍射分析的基础公式。1915 年,年仅 25 岁的威廉·劳伦斯·布拉格和他的父亲威廉·亨利·布拉格由于在 X 射线衍射理论方面的贡献分享了当年的诺贝尔物理学奖,他是历史上最年轻的诺贝尔物理学奖获奖者。

X 射线衍射原理,如图 5.7 所示,由同一点光源 S 射出的两条 X 射线,经不同晶面反射至 S_1,两条光线的光程差为 $2d\sin\theta = n\lambda$,即为布拉格方程。其中 n 为整数,结合光的衍射原理(双缝干涉实验),只有两条光线到 S_1 时相位相同,也就是光程差为整数个波长,才能产生衍射。如果光程差为一个波长,即 $n=1$ 时,λ 有最大值,此时 $2d\sin\theta = \lambda$,故 $\lambda \leq 2d$,意思是波长小于等于 2 倍晶面间距时才能产生衍射。

伟大的 DNA 双螺旋模型的建立离不开 X 射线衍射技术的贡献,詹姆斯·沃森和弗朗西斯·克里克从 X 射线晶体学家罗莎琳德·埃尔西·富兰克林所拍摄的 DNA 的 X 射线衍射图片(图 5.8)中得到启示,结合碱基含量等信息(DNA 中 A 与 T 数量总是相等,C 与 G 数量总是相等),最终构建出了 DNA 双螺旋结构模型。同年马克斯·佩鲁茨(Max Perutz)和约翰·肯德鲁(John Kendrew)用 X 射线衍射揭示了肌红蛋白与血红蛋白的三级结构,共同标志着生物科学进入分子生物学阶段。

X 射线衍射技术与光学显微镜的基本原理是有共通之处的。使用光学显微镜时,外部可见光照在物体表面并发生散射,散射光波含有物体构造的全部信息,用透镜收集和重组便可得到物体的放大图像。但是对于 X 射线衍射技术,首先,光源是人眼不可见的 X 射线,其次,没有透镜能够将物体散射后的衍射波全部收集起来重组成物体图像,而是得到一张衍射图。这时需要计算机充当透镜的角色对衍射图进行重组,绘制出三维电子密度图像,类似于 3D

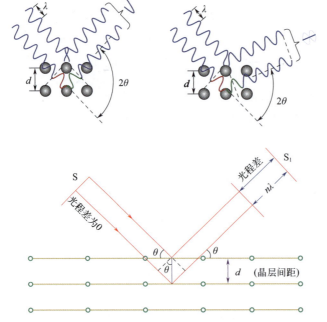
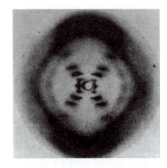

图5.7　X射线衍射原理示意图　　　图5.8　富兰克林的 DNA X 射线衍射图

打印的过程层层叠加，得到具有不同高度的"峰"的一幅图谱，从而构建出三维分子结构模型。

X射线衍射图谱的横坐标是 2θ 角，是衍射谱仪扫描的角度，纵坐标是接收器检测到的计数。计算的根据是布拉格定律公式：$2d\sin\theta=n\lambda$，衍射的级数 n 为任何正整数，这里一般取一级衍射峰，$n=1$。当 X 射线以掠角 θ（入射角的余角，又称为布拉格角）入射到晶体或部分晶体样品的某一具有 d 点阵平面间距的原子面上时，就能满足布拉格方程，从而测得了这组 X 射线粉末衍射图。

目前还没有仪器能够直接观察到蛋白质分子的原子和基团排列，冷冻电镜发明之前，蛋白质三维结构的研究成果主要来自间接的 X 射线衍射分析，X 射线衍射是人类用来研究物质微观结构的第一种方法。那么，X 射线是如何进入生物世界，成为我们的探微之眼的呢？

接下来，让我们一起来揭晓 X 射线衍射用于生物大分子的分析及其与诺贝尔奖的渊源。X 射线的发现、研究与应用，一共成就了 20 多次诺贝尔奖！最早可以追溯到获得第一年诺贝尔奖的人——伦琴，他由于发现 X 射线而获得 1901 年诺贝尔物理学奖。此外，关于生物学应用的 X 射线研究及获奖情况主要如表 5.3 所示。

表5.3　X射线技术生物学应用的发展历程及诺贝尔奖

发现人	主要内容	历史意义	获奖时间
伦琴	发现 X 射线	为 X 射线研究的新方法开辟先河	1901
布拉格父子	建立布拉格方程	为 X 射线奠定理论基础	1915
沃森、克里克、威尔金斯	通过 X 射线衍射分析得到 DNA 双螺旋结构	为分子生物学发展奠定基础	1962
佩鲁茨、肯德鲁	用 X 射线衍射揭示了肌红蛋白与血红蛋白的三级结构	首次精确测定蛋白质结构	1962
多罗西·克劳福特·霍奇金	解析青霉素、胃蛋白酶、维生素 B_{12} 等物质的结构	利用 X 射线技术解析了生化物质的结构	1964

续表

发现人	主要内容	历史意义	获奖时间
阿龙·克卢格	确定了具有核酸-蛋白质复合物结构的染色质、烟草花叶病毒等复杂的分子集合体的结构	揭示染色质的结构，创造出显微影像重组分析技术	1982
豪普特曼、卡尔勒	研究出一组数学方程，描述X射线被晶体衍射而成的无数斑点在底片上的排列	给出了X射线探测晶体结构定量机制，在X射线成像中大量应用	1985
拉马克里希南、施泰茨、约纳特	核糖体结构的分析	解释了蛋白质合成的重要机制	2009

5.2.1.1 精确测定蛋白质结构

一开始，X射线衍射只能用于无机小分子结构的研究，直到剑桥大学MRC分子生物学实验室的马克斯·佩鲁茨和约翰·肯德鲁二人首次完成了对球形蛋白结构的精确测定，X射线衍射才广泛应用于研究分析生物大分子的结构，二人由此获得了1962年诺贝尔化学奖。当时，佩鲁茨研究血红蛋白分子结构，肯德鲁研究肌红蛋白分子结构，两人则共同研究X射线晶体照相术，发明"重原子渗入"技术，将金、汞等金属单个原子加进蛋白质的分子中，再进行X射线衍射测试，获得比较清晰的空间结构图，再通过计算机运算，得到精确的空间结构图像。

5.2.1.2 确定复杂的分子集合体结构

许多过大的生物大分子无法应用X射线晶体学直接研究，剑桥大学MRC分子生物学实验室的阿龙·克卢格（Aaron Klug）先将染色质分成小到足以用X射线衍射和电子显微镜观测的片段，然后根据这些片段获得的结构信息，像搭积木一样构成了一个染色体的整体模型，从而创造出显微影像重组分析技术。得益于该方法，他确定了具有核酸-蛋白质复合物结构的染色质、烟草花叶病毒等复杂的分子集合体的结构，因此获得了1982年的诺贝尔化学奖。

 诺奖小故事5.2　德才兼备的阿龙·克卢格

图5.9　阿龙·克卢格

阿龙·克卢格（图5.9），出生于立陶宛，英国化学家和生物物理学家。幼年时被带到南非，后入英国国籍。他曾经与发现DNA衍射图谱的富兰克林合作，一起研究烟草花叶病毒的结构，破解了病毒等大分子的结构之谜。克卢格天赋异禀，好奇心强烈。1979年，他从研究单一结构的病毒转移到研究动物细胞中的一些结构。此后一段时间里，他及其研究小组又进一步研究染色质（即核酸-蛋白质的复合物）的结构。由于染色质是一个大分子聚集体，其体积太大，无法直接对它进行结构测定。克卢格及其合作者成功地把染色质分成小到足以用X射线衍射和电子显微镜加以研究的若干片段，根据片段获得的结构信息构成了一个染色体的整个模型。

5.2.1.3 通过X衍射线相角信息测定晶体结构

1985年赫伯特·豪普特曼（Herbert A. Hauptman）和杰尔姆·卡尔勒（Jerome Karle）发

明了测定晶体结构的直接法，并携手获诺贝尔化学奖（图 5.10）。

图 5.10　赫伯特·豪普特曼和杰尔姆·卡尔勒

豪普特曼和卡尔勒用统计法研究了晶体的衍射数据，发现了其中隐含的相角信息，通过这些信息他们推导出衍射线相角的关系式。利用这个关系式，可以直接从衍射强度的统计中得到各种衍射线相角的信息，利用这种方法可以迅速确定分子的结构，这就是晶体学中的直接法。豪普特曼和卡尔勒的成果为探索新的分子结构和化学反应提供了基本方法，利用这种方法，科学家们测定了激素、维生素、抗生素等上万种有机化合物的三维立体结构。例如，Robert D. Stipanovic 用单晶 X 射线衍射分析确定了一种对茄丝核菌有抑菌活性的倍半萜内酯——萜烯七脂酸的完整结构。

总之，豪普特曼和卡尔勒给出了 X 射线探测晶体结构的定量机制，大大推动了 X 射线衍射技术的发展。

5.2.1.4　揭示核糖体结构，破解蛋白质合成之谜

文卡特拉曼·拉马克里希南（Venkatraman Ramakrishnan）、托马斯·施泰茨（Thomas Steitz）和阿达·约纳特（Ada Yonath）（图 5.11）三人因对核糖体结构和功能方面的研究而获得 2009 年诺贝尔化学奖。拉马克里希南通过 X 射线衍射研究了抗生素结合的 30S 核糖体小亚基的结构，发现了核糖体复合物密码子-反密码子通过氢键控制密码子的第一和第二个碱基的几何构象，而第三个碱基则不受控制，解释了第三个碱基的摇摆性，破解了核糖体辨识基因编码的方式；施泰茨利用 X 射线结晶学和分子生物学，摸清了蛋白质及核酸的构造和运行机制，有助于人们理解基因表达、复制和重组；约纳特通过对细菌核糖体及其他相关有机体实施冷冻，并通过 X 射线对其造影成像，揭示了核糖体结构。虽然 20 世纪 80 年代前就已经知道核糖体的工作方式和大致结构，但对其细微结构还是知之甚少，直到三人在各自漫长旅

图 5.11　拉马克里希南、施泰茨和约纳特

途上寻获"金钥匙",成功获得蛋白质合成之谜的"最后一块碎片"。

虽然 X 射线衍射技术能够揭示蛋白质的结构,但存在一定局限性。X 射线衍射技术,需要我们能够制备出有一定晶胞结构的晶体,然而相比无机小分子,蛋白质等生物大分子的晶体制备更为困难,有些蛋白质结构比较松散,几乎无法"抱成团"结晶。

5.2.2 质谱、核磁共振谱—— 一级结构与三维结构

5.2.2.1 质谱仪的发明与应用

剑桥大学的弗朗西斯·阿斯顿(Francis Willian Aston)(图 5.12)与 1906 年诺贝尔物理学奖得主约瑟夫·约翰·汤姆逊(Joseph John Thomson)一起按质量的不同分离出阳极射线,并在其基础上进行了发展,于 1919 年发明第一台质谱仪,以此装置鉴别出至少 212 种天然同位素,第一次证明原子质量亏损,并阐述了整数规则(除了氢以外的所有元素,其原子质量都是氢原子质量的整数倍),因此荣获 1922 年诺贝尔化学奖。

质谱法(mass spectrometry,MS)是一种使样品中各组分在离子源中发生电离,生成不同质荷比的带电离子,并在气态中根据质荷比(m/z,m 为离子质量,z 为离子所带电荷数)的不同,将离子分离、检测并对其进行排序的方法。质谱仪就像是一个极其精密的天平,不过称的不是普通物体,而是小小的原子。其工作原理如图 5.13 所示。

图 5.12 弗朗西斯·阿斯顿

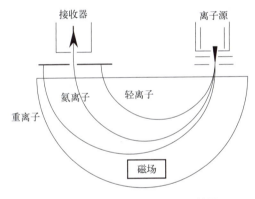

图 5.13 质谱仪工作原理简图

质谱法分析需要挥发性样品,必须使它离子化。对于小分子来说,最经典的方法就是在高真空中用高能电子束轰击电子源中的气化样品分子,使之成为"分子离子"。但对于生物大分子来说,获得气相离子不太容易,于是就有了电喷雾离子化和基质辅助激光解吸离子化的方法。

质谱分析的原理是样品经离子源得到不同荷质比的带电离子,经加速电场的作用,形成离子束,而后动能势能平衡($zeU=1/2\ mv^2$,z 为离子电荷数,e 为电子电荷量,U 为加速电压,m 为离子质量,v 为离子加速后速度),进入质量分析器。在质量分析器中,再利用电场和磁场校正离子在加速过程中发生的速度色散,将它们分别聚焦而得到质谱图,从而确定其质量。

 知识框 5.5 质谱仪

质谱仪的基本模块分为五部分:进样系统、离子源、质量分析器、检测系统(如图 5.14)以及计算机控制与数据处理部分。其中离子源、质量分析器、检测系统三个核心部分是要在真空状态下的。

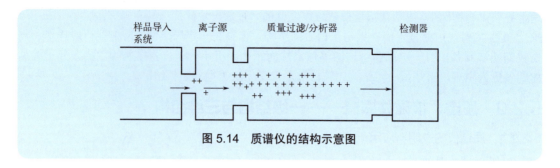

图 5.14　质谱仪的结构示意图

生物质谱就是用于生物分子分析的质谱技术。相比分子量在几十到几千范围的无机或有机小分子,生物分子大多分子量较高,传统的质谱分析技术无法满足要求,生物质谱要求测定上万甚至几十万的分子量。

那么质谱技术是如何在生物大分子研究中大显身手的呢？质谱技术是一种鉴定技术,在有机分子的鉴定方面发挥非常重要的作用。其中生物质谱主要用于解决两个问题。其一是精确测定生物大分子,如蛋白质、核苷酸和多糖等的分子量,也就是称一称有多重,并提供它们的分子结构信息。其二是对存在于生命复杂体系中的相互作用进行检测,常用的有三种方法：第一种为亲和捕集质谱法（affinity capture-MS）,为目前应用最广泛的蛋白质相互作用研究方法,该方法基于特异性抗体或其他亲和试剂与靶标蛋白的亲和作用,通过免疫共沉淀将靶标蛋白与相互作用蛋白从复杂的生物体系中纯化出来,利用质谱鉴定与靶标蛋白相互作用的蛋白质的结构；第二种为邻近标记质谱法（proximity label-MS）,为近年来发展并完善的一种鉴定蛋白质相互作用的方法,这种方法是在相互作用的已知蛋白质即诱饵蛋白上融合表达具有生物素连接酶活性的蛋白标签,通过生物素标记和亲和富集,用质谱鉴定与已知蛋白质相互作用的未知蛋白质；第三种是共分离技术（co-fraction technology）,这是一种经典的蛋白相互作用研究方法,在非变性条件下,通过色谱或电泳技术将相互作用的蛋白质复合体进行分离,对每一个分离到的组分分别进行质谱鉴定,从而分析蛋白质之间的相互作用。蛋白质生物大分子结构的质谱分析是通过二级质谱测定蛋白质的氨基酸序列,第一级质谱为将蛋白质进行特异性的酶解,形成多个肽段,分离分析肽段的分子量；然后将第一级质谱分离分析的肽段引出,打碎形成有规则的碎片,在第二级质谱中依次分析不同碎片的分子量,如图 5.15 所示,蛋白质中的多肽片段的序列,可通过相邻多肽碎片之间的分子量之差,逐一分析出氨基酸残基。由图中的 y_9、y_8 多肽片段或者 b_4、b_3 多肽片段之间的分子量之差,均可分析出两片段之间相差的是丝氨酸（缩写为 S）残基,由此逐一类推,最终获得多肽或蛋白质的氨基酸序列。

5.2.2.2　生物大分子的质谱与核磁共振氢谱的分析方法

质谱技术长期没能应用于生物大分子的研究中,究其原因,主要是进行质谱分析必须先要对样品进行电离,而以往的电离方式要求样品分子必须气化并与高能电子直接碰撞。对热不稳定性的生物大分子（蛋白质、核酸、多糖）来说,用这种硬电离方式来电离,将会产生大量的碎片离子,造成质谱图上谱线相互重叠并多得无法解析。美国弗吉尼亚联邦大学的约翰·芬恩、日本岛津公司的田中耕一发展了可用于分析生物大分子的软电离方法,解决了生物大分子离子化的问题；库尔特·维特里希开发生物大分子的二维核磁共振分析方法。三人由于对生物大分子分析的杰出贡献,共同获得了 2002 年的诺贝尔化学奖。

生物大分子的质谱分析需要快速制热的离子化新技术以增大离子化的可能,要求激光脉冲在极短的时间内使生物大分子达到合适的温度,但需要一种介质将光能高效转化为热能,再转移到大分子样品溶液中。科学发现除了思考和实践,有时也需要些机缘巧合和误打误撞,

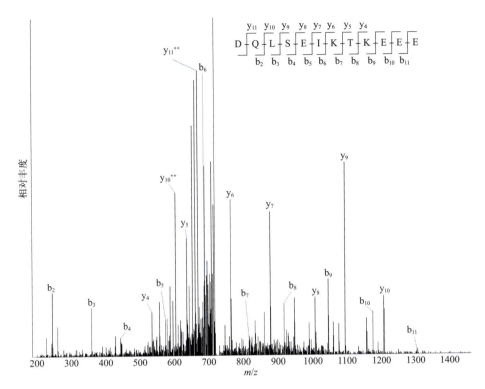

图 5.15 某多肽片段质谱图

田中在 1985 年因一次实验操作失误加入了甘油，却意外地找到了可以异常吸收激光的物质，并检测到了维生素 B_{12} 的分子离子峰。当然，后来找到了相比甘油具有更加优良性能的激光吸收基质。

诺奖小故事 5.3　坚持科研热爱的田中耕一获得了"上帝的眷顾"

> 此次获奖是田中 28 岁时的研究成果，有次他不慎加错了甘油（丙三醇），结果却意外地找到了可以异常吸收激光的物质。
>
> 获奖的消息传到日本时，日本学术界措手不及，日本教育界更是一片混乱。在日本研究生命科学的学术界名单中，根本找不到田中耕一的名字。在电视台采访因对基于手性催化剂的不对称氢化反应的研究而荣获 2001 年诺贝尔化学奖的获奖者野依良治教授时，该教授都不知道田中耕一何许人也。最后，该教授只能结结巴巴地说：这说明只要自己努力，不在学术界活跃也能得到诺贝尔奖。
>
> 2002 年，日本科学家田中耕一获得诺贝尔化学奖。当提到为何能取得科研成果时，田中耕一的回答关键词只有一个，就是"兴趣"。他说："我从小就喜欢研究。就职后，多次拒绝升职进入管理层，也因为要留在研究部门进行研究。今后，我也将继续研究。我有兴趣也喜欢搞研究。"

早期，质谱分析法仅限于小分子和中等分子的研究，因为要将质谱应用于生物大分子需要将其制备成气相带电分子，然后在真空中物理分离，但是使蛋白质分子经受住离子化过程而又不丧失其结构形态难以实现。由于芬恩和田中耕一的发明，质谱分析法也可以用于生物大分子的分析研究。二人弄清了蛋白质是什么，但未解决其空间结构问题。之前想要研究蛋白质结构，绕不开的过程就是结晶，但有的蛋白质难以结晶甚至干脆无法结晶，如果用核磁共振技术就可以避开这一步，直接测量粉末、液体或者生理状态下的蛋白质。说起"核磁共振"，相信大家都不陌生，医院里靠它可以得到人体组织结构的图像。但到底什么是核磁共振呢？

核磁共振法（nuclear magnetic resonance，NMR）是一种分析分子结构的重要方法，也是一种表征微观状态的有力工具，甚至可以用于反应动力学和机理的探究。当用频率为兆赫数量级、波长 0.6～10m（已经几乎是无线电波的数量级了）且能量很低的电磁波照射分子时，能使磁性的原子核在外磁场中发生能级的共振跃迁，从而产生吸收信号，进而获得有关化合物的分子结构信息。在磁场中，这种带核磁性的分子或原子核吸收从低能态向高能态跃迁的两个能级差的能量，会产生共振谱，可用于测定分子中某些原子的数目、类型和相对位置。

NMR 波谱按照测定对象分类可分为：^{1}H-NMR 谱（测定对象为氢原子核）、^{13}C-NMR 谱、^{15}N-NMR 谱、^{17}O-NMR 谱以及氟谱、磷谱、氮谱等。有机化合物、高分子材料都主要由碳氢组成，所以在材料结构与性能研究中，以 ^{1}H 谱和 ^{13}C 谱应用最为广泛。现代核磁共振波谱仪是由超导磁体，包含具射频发生、功率放大、脉冲形成及控制、信号检测等各种功能电子器件的主机，以及用于设置和控制实验的计算机系统所组成。质子数或中子数为奇数的原子核才有 NMR 现象，比如 ^{1}H、^{13}C、^{17}O；而质子数和中子数均为偶数的原子不产生核磁共振，比如 ^{12}C、^{16}O。

知识框 5.6　核磁共振的原理

将视线转到元素周期表 1 号元素对应原子——氢原子上，它由单个质子和一个核外电子构成，这里我们并不关心电子。作为原子核中唯一的质子，不会老老实实待在原子中央，而是像星球一样围绕轨道运行。高中物理电磁学部分曾讲过右手螺旋定则（弯曲右手四指，四指指向为线圈电流方向，拇指则指向 N 极磁场方向），因为质子带正电荷，如果我们向着旋转的方向弯曲四指，拇指就会指向小磁场的方向。它们的自旋实际上是进动的状态，所谓"进动"是指一个物体在自转的同时，受外力作用导致其自转轴也绕某一中心旋转的现象，是转动中的物体自转轴的指向变化。

正常没有外界作用的情况下，分子中所有的小质子磁体都是随机指向的自旋体，磁性相互抵消了，所以宏观上通常是没有磁性的。然而在做核磁共振分析时，会外加一个较强的磁场，这些小自旋体（自旋进动的质子）受磁场力作用而方向变得有规律，排成队，大部分和主磁场方向一致，为低能态，小部分由于其他能量影响与主磁场方向相反，相较而言不如前者稳定，为高能态。也就是说，磁场使得原子核发生了"能级分裂"。磁场强度是矢量，高低能态自旋体产生的磁场相抵后会得到一个净磁场，指向外加磁场的 N 极，这个过程叫作"纵向磁化"，但正是因为与外部磁场同向，所以无法被直接检测到，也就不能为我们所用。外加一定能量，使部分低能态转化为高能态，最终达到 1∶1，此时纵向磁化量为零，此外正弦无线电频率将质子推向同步状态并一起自旋，当向被探测体发出某一频率的射频脉冲时，便会有对应位置的核磁发生共振而吸收能量，从而改变排列方式。当脉冲消失时，核磁指向回到初始位置的过程中就会发出电磁信号，最终回到原先的磁场方向。这就是核磁共振的"共振"部分。

以氢谱核磁共振为例，在外加磁场相同时，都是 H 核，按理吸收峰的位置应该是相同的，而实际不是这样。H 核在分子中是被价电子所包围的，因此，在外加磁场的同时，还有核外电子绕核旋转产生的感应磁场干扰。如果感应磁场与外加磁场方向相反，则 H 核实际感受到的磁场强度将降低，吸收信号受到屏蔽，要发生相同强度的共振吸收就势必增加外加磁场强度，共振信号将移向高场区。图 5.16 为甲醇的核磁共振氢谱，羟基氢（b）由于受到电负性强的氧原子诱导作用，核外电子密度较甲基氢（a）低，因而共振信号向低场区（横坐标左侧）移动。另外甲基氢（a）比羟基氢（b）多，因此峰的"面积"更大。正是由于 H 核处于分子中的位置与环境的不同，共振吸收信号不同，因而可以分析出分子的结构。

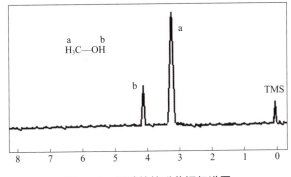

图 5.16　甲醇的核磁共振氢谱图

生物小分子由于结构简单，一维核磁共振方法就可以分析，但生物大分子内的氢非常多就会很难区分。一个小的蛋白质分子里也有将近 1000 个氢原子，多的时候达到数万个，把这些氢都一一确定出来绝不是一件容易的事情。所以维特里希在 20 世纪 80 年代初开创了用二维核磁共振的方法分析生物大分子，将蛋白质的所有氢谱峰全部识别出来，成功分析了牛胰蛋白酶抑制剂、淀粉酶抑肽、金属硫蛋白等。维特里希的二维核磁共振的方法可获得生物大分子在溶液中的三维结构，无须结晶，并可研究结构的动态变化，已成为目前研究生物大分子结构与功能最重要的方法之一。二维核磁共振谱峰相当复杂，需要专业人员进行解析。

如今，NMR 不仅仅可以用于研究蛋白质等生物大分子的结构，还可作为辅助手段应用于医学检验领域，电磁信号经过人体各个组织器官后会产生变化，并以图像的形式显示出来。除了运用在医学成像检查方面，在分析化学和有机分子的结构研究及材料表征中运用最多。

5.2.3　电子显微镜——让生物大分子的模样更清晰可见

由于可见光的波长为 400～760nm，直径比其更小的物体会由于光子衍射而难以看清，就好比试图用口径较大的网去网住一只蚂蚁，是网不住的。传统的光学显微镜分辨率有一个物理极限，即可见光波长的一半。可见光的波长下限大概为 400nm，所以普通光学显微镜可观测的最小物体直径约为 200nm，即 0.2μm，可以观察到生物细胞。但光学显微镜无法满足生物学向更微观的超微结构探索，要想拥有更加微小精密的"眼睛"，还需波长更短的类似于光的波束，于是科学家想到了电子束。高速电子的波长远比可见光的波长短，因此将电子束用于显微成像的分辨率会远高于光学显微镜的分辨率。基于此，德国科学家恩斯特·鲁斯卡（Ernst Ruska）设计了第一台电子显微镜，获得了 1986 年诺贝尔物理学奖。

19 世纪末，卡尔·布劳恩（Carl Braun）制造了第一个阴极射线管（缩写 CRT，俗称显像管）示波器。汉斯·布什（Hans Busch）发表了有关磁聚焦的论文，指出电子束通过轴对称电磁场时可以聚焦，如同光线通过透镜时可以聚焦一样，因此可以利用电子成像。这为电子显微镜做了理论上的准备。

恩斯特·鲁斯卡 1906 年 12 月 25 日生于德国巴登市海德堡，1928 年夏进入柏林夏洛滕堡的柏林工业大学学习，参加过阴极射线示波管的研究。从 1929 年开始，鲁斯卡在组长马克斯·克诺尔（Max Knoll）的指导下进行电子透镜实验，在参与示波管技术研究工作的基础上，进行了利用磁透镜和静电透镜使电子束聚焦成像的实验研究，为创制电子显微镜奠定了基础。1931 年，克诺尔和鲁斯卡开始研制电子显微镜，他们采用二级磁透镜放大的电子显微镜获得了 16 倍放大率。通过计算他们认识到，电子波长比光波波长短 5 个数量级，电子显微镜可能实现更高的分辨率。他们预测了未来的电子显微镜，当加速电压为 7.5 万伏，孔径角为 2×10^{-2} rad 时，分辨率将是 0.22nm。1932—1933 年间，鲁斯卡和合作者波多·冯·波里斯（Bodo von Borries）进一步研制了全金属镜体的电子显微镜，制作了磁透镜并申请了德国专利。1933 年，鲁斯卡在加速电压 7.5 万伏下，运用焦距为 3mm 的磁透镜获得 12000 倍放大率，还安装了聚光镜，可以在高放大率下调节电子束亮度。他拍摄了分辨率优于光学显微镜的铝箔和棉丝的照片，并试验采用薄试样使电子束透射而形成电子放大像。1934 年鲁斯卡以题为《电子显微镜的磁物镜》的学位论文获得柏林工业大学工学博士学位。1934—1936 年，鲁斯卡继续进行改进电子显微镜的实验研究。他采用了聚光镜以产生高电流密度电子束来实现高倍放大率成像，采用物镜和投影镜二级放大成像系统。可是，当时他们的发明并未立即获得学术界和有关部门承认，鲁斯卡和波里斯努力地说服人们，使他们相信可以研制出性能超过光学显微镜的电子显微镜。他们多次到政府和工业研究部门以争取财政支持。经过 3 年的奔走，1937 年春西门子公司终于同意出资建立电子光学和电子显微镜实验室，鲁斯卡由此着手研制商品电子显微镜。1938 年制成两台电子显微镜，且带有聚光镜、物镜及投影镜，备有更换样品、底片的装置，可获得 30000 倍放大率的图像。1939 年西门子公司制造的第一台商品电子显微镜终于问世。同年，电子显微镜首次在莱比锡国际博览会上展出，引发广泛关注。1940 年，该实验室装备了 4 台电子显微镜，接纳各国学者前来做研究工作，推动了电子显微镜在金属、生物、医学等各个领域的应用与发展。在鲁斯卡工作的影响下，欧洲各国科学家先后开始了电子显微镜的研究和制造工作。恩斯特·鲁斯卡及其合作者几十年孜孜不倦地为改进电子显微镜辛勤工作，为现代科学的发展做出了重要贡献。电子显微镜为人们观察微观世界开辟了新的途径。在 20 世纪 50 年代中期制成的中、高分辨率电子显微镜，促进了固体物理学、金属物理学和材料科学的发展。在 20 世纪 70 年代出现的超高分辨率电子显微镜使人们能够直接观察原子。这对固体物理学、固体化学、固体电子学、材料科学、地质矿物学和分子生物学的发展起到巨大的推动作用。

   知识框 5.7　透射电镜和扫描电镜的特点和用途

透射电子显微镜：高速电子束均匀照射到样品上，入射电子束与样品相互作用后变得不均匀，依次经过物镜、中间镜和投影镜放大后就表现为图像对比度，反映样品信息。主要反映样品内部的信息。

扫描电子显微镜：高能电子束在样品上扫描，从物体释放二次电子或反射电子，通过对这些信息的接受、放大和显示成像，获得测试样品表面形貌。主要反映样品表面信息。

借助电子显微镜，人们能够观察金属的晶体结构以及蛋白质分子、细胞和病毒的结构。

1982 年，格尔德·宾宁（Gerd Binnig）和海因里希·罗勒（Heinrich Rohrer）发明了扫描隧道显微镜，其分辨率极高，水平方向达到 0.2nm，垂直方向更达到 0.001nm，可以给出样品表面原子尺度的信息。两种显微镜的发明使科学家拥有了能看到原子的眼睛，因此，1986 年诺贝尔物理学奖被平分，一半授予恩斯特·鲁斯卡以表彰他在电子光学方面的基础工作以及第一台电子显微镜的设计，另一半则共同颁发给格尔德·宾宁和海因里希·罗勒，以表彰他们在扫描隧道显微镜设计中的工作。扫描隧道显微镜利用了金属探针，其针尖只有一个原子，对于电子而言，针尖和样品间的间隙相当于一个势垒，电子的穿透概率与势垒的宽度即针尖与样品表面的距离呈负指数关系，当针尖与样品表面距离非常接近时（小于 1nm），势垒就变得很薄，电子云相互重叠，具有一定能量的电子就有一定的概率穿透势垒（即发生知识框 5.8 的穿墙现象）到达另一极。在两极之间施加一定电压，电子就可以通过隧道效应由针尖移到样品或由样品移到针尖，形成隧道电流。扫描隧道显微镜的金属探针扫过样品就如唱针扫过唱片，接触到样品电子云，在探针与样品之间施加零点几伏的电压，随着样品表面原子与针尖距离的不同，每经过一个样品的原子（0.3nm），穿透两极间的电子会有所不同，形成不同的隧道电流，该隧道电流可放大 1000 倍，由此记录样品形貌。

 问一问 5.1

你知道隧道效应的基本原理吗？

 问一问 5.2

电子显微镜的分辨率（0.2nm）远高于光学显微镜的分辨率（200nm），其分辨率有很大差别，除此之外，它们在光源、透镜、成像原理和标本制作方法上有哪些不同？

5.2.4 冷冻电镜技术

随着人类基因组计划的完成，基因组时代到来，下一个面临的挑战是从原子水平上解析蛋白质的空间结构及其与其他分子的相互作用，将目光转向结构生物学，而支撑结构生物学的技术除了 X 射线衍射技术和核磁共振技术外，还有冷冻电镜技术。

5.2.4.1 冷冻电镜技术的原理与特点

在冷冻电镜技术出现前，主要依赖 X 射线衍射技术和核磁共振技术，二者虽然都是强有力的分析手段但也均有局限性，前者需要结晶，后者只能用于研究分子量较小的生物大分子。X 射线晶体衍射曾是研究蛋白质的主要手段，但其样品制备过程较长，且并不适用所有蛋白质分子。另外，"分子宝宝们"脆弱又微小，光学显微镜分辨率太低，必须要用电子束代替可见光进行成像，但是高剂量的电子束对分子来说是致命打击，生物大分子精细的结构可能遭到破坏，就算得到了"照片"，也不是它本来的模样了。因此传统的电子显微镜容易破坏待测物的结构。另外，传统电子显微镜需要高真空环境，蛋白质等物质的溶液中的水分在真空中显然会挥发干燥造成干扰。更为严重的是，常温下分子一直在运动中，用传统的电子显微镜很难拍到图像——就像用旧式照相机去拍高速行驶的赛车，不易拍到清晰图像。如何解决这个棘手的问题呢？冷冻技术的出现，为蛋白质的清晰成像提供了强大助力。X 射线衍射、核磁共振、冷冻电镜技术的特点见表 5.4。

表 5.4　X 射线衍射、核磁共振、冷冻电镜技术的特点

比较方面	X 射线衍射	核磁共振	冷冻电镜
原理	X 射线衍射晶体，检测仪记录其衍射图，计算机重建生物分子的原子结构	利用核磁共振照射带有磁性的原子核的生物分子，磁性原子核会因周围其他原子电子云的影响而产生不同的位移，从而获得分子结构信息	快速冷冻生物样品，用电子束照射，检测仪探测电子的散射，用计算机重建分子的三维结构
样品制备	需要获得极纯的样品进行结晶，非均一样品、膜蛋白、蛋白质复合物很难结晶	需要纯化，类似天然水溶液状态即可分析，不需要结晶或冷冻	样品纯化后滴在特制的网格上，然后放在液氮中快速冷冻
时间状态	静态	可观察分子构象变化，获得动态信息	一般只能观察静态结构，极快速冷冻可观察中间物动态构象
分辨率	能看到单个的原子和化学键，最高分辨率可达到 0.1nm	分辨率 0.2～0.5nm，没有 X 射线衍射高，比冷冻电镜高，解析分子质量一般不大于 30kDa	最高分辨率可达到 0.3nm，通常可达到 1～1.5nm，单颗粒解析分子质量一般不小于 100kDa

高中化学曾学到反应温度影响反应速率，生活中将食物放入冰箱冷藏可以延缓其腐败，有人便想通过冷冻技术"长生不老"，虽然这目前只存在于科幻小说中，但从原理上并非无迹可寻：低温让化学反应变得缓慢，水冷冻到极低温度后会阻碍原先在溶液状态下快速的物质交换与扩散，使得代谢过程极为缓慢，这个技术叫作冷冻固定术。应用冷冻固定术，在低温下使用透射电子显微镜观察样品的显微技术，就叫作冷冻电子显微镜（cryo-electron microscopy, cryo-EM）技术，简称冷冻电镜技术。该技术可实现直接观察液体、半液体及对电子束敏感的样品，如生物、高分子材料等。

5.2.4.2　冷冻电镜技术的发展

冷冻电子显微镜对溶液中生物分子结构的高分辨率测定取决于三项重要技术的建立，分别是：洛桑大学的雅克·杜波谢（Jacques Dubochet）建立的速冻技术，哥伦比亚大学的约阿基姆·弗兰克（Joachim Frank）开发的单颗粒三维重构技术和 MRC 分子生物学实验室的理查德·亨德森（Richard Henderson）开发的直接电子探测器（DDD 相机）。三人各自突破了一步，合起来就是冷冻电镜技术的一大步。近年来，每年利用冷冻电镜技术解析的生物大分子结构数量已经超越了核磁共振技术，并仍在迅猛攀升。因此 2017 年诺贝尔化学奖授予了这三位对冷冻电镜技术做出重大贡献的科学家（图 5.17）。

图 5.17　2017 年诺贝尔化学奖获得者

在冷冻电子显微镜技术建立之前，1982 年雅克·杜波谢提出了"速冻"技术，他们团队发现加入受液氮冷却的乙烷可以使水变成玻璃态，顾名思义就是水分子像玻璃一样随机排列，不同于晶体的有序排列，因此并不影响晶体成像。"速冻"过程中水的体积不会发生变化，从而不压坏分子，且不会在电镜的真空环境中挥发，以确保生物分子的原始生理环境免遭破坏，也不会干扰电子束的探测。杜波谢的"速冻"技术可以使生物分子在真空中也能保持其自然形状，留下真实的一瞬间，目前该技术已经发展形成了成熟的电镜冷台技术，得到了迅速推广。

 知识框 5.8　速冻的原理

水如果突然遇到极低的温度，比如接近 −200℃ 的液氮，来不及变化体积，来不及形成晶体结构，就急剧变为高黏稠的"液态"，称为玻璃态。如果把活的金鱼放入将近 −200℃ 的液氮进行速冻，5～10s 后迅速拿出来，放入水中以后还能游动起来，就是因为速冻的水体积不变，其生物组织基本未被破坏（图 5.18）。

图 5.18　速冻原理简图

约阿基姆·弗兰克，德裔生物物理学家，美国纽约哥伦比亚大学生物物理学教授。1975—1986 年，弗兰克开发了一种单颗粒图像处理方法，使用这种方法可以分析溶液中大量单颗粒的群体。"单颗粒"是指无需结晶就能直接分析的颗粒，也可以是溶液中大量的不同颗粒。弗兰克利用计算机将通过电子显微镜获得的模糊单颗粒二维图像收集起来，并且将轮廓相似的图像进行分类对比，通过分析不同的重复模式拟合成更加清晰的 2D 图像。在此基础上，通过傅里叶变换方法，将 2D 图像拟合出 3D 结构图像。弗兰克开发了第一个单颗粒三维重构的软件包 SPIDER，并不断纳入新的计算工具，他的图形拟合程序被认为是冷冻电镜发展的基础，使冷冻电镜技术得以普及应用。单颗粒研究方法处理的是同一大分子随机散布的电镜照片，所以没有形成晶体的要求。

 诺奖小故事 5.4　开放包容的科学家——弗兰克

弗兰克教授指出冷冻电镜技术不仅可以帮助我们预测 mRNA 和 tRNA 结合情况、定位分子结合位点等，在新冠疫情中，冷冻电镜技术也极大程度帮助科学家确定了新型冠状病毒 SARS-CoV-2 与人体细胞受体结合以及与抗体结合的结构，助力快速鉴定病毒的突变与进化。

弗兰克告诉记者，要具有广泛的外围视野，要对其他学科给予的建议和暗示抱有开放性态度。当然，情况发生变化，还需要做好改变策略的准备，这些对于成功来说至关重要。同时，他也指出，一个科研团队能够高效运转，离不开良好的组织架构和包容的环境。"科研最好没有自上而下的干预。如果一个团队内部没有森严等级制度的话，那么这个团队的工作效率就会更高，并且更具有创造力。"

早在20世纪70年代，理查德·亨德森尝试将蛋白质保存在细胞膜上，然后用葡萄糖溶液涂覆在样品表面，减少电子显微镜对样品的真空损伤，并用低剂量的电子束配合叠加平均的办法解析生物分子结构，分辨率可达0.7nm。只是这种方法要求分子排排站，然而实际上并不是所有分子都会乖乖配合，强行排列的结果是画面发生失真。他的主要贡献是开发了直接电子探测器，也就是直接探测电子成像的装置。

2013年以来，由于直接电子探测器的发展，冷冻电镜取得了革命性的进步。加利福尼亚大学旧金山分校程亦凡教授研究组成功利用新一代直接电子探测器解析得到了瞬时受体电位通道蛋白（TRPV1）的3.4Å❶分辨率结构。这项研究打破了不结晶膜蛋白侧链的分辨率屏障，展示了单颗粒冷冻电镜在膜蛋白分析上的巨大潜力。

2013年是一道分水岭，冷冻电镜技术在这一年趋于成熟，突破了蛋白质分子成像长期停滞的局面。冷冻电镜是"后起之秀"，也被称为低温电子显微镜，既可以保持生物样品的原貌，又可以减少高能电子束带来的损伤，有着不可替代的优势。它无需将大分子样品制成晶体，通过向瞬间冰冻的样品发射电子，可在原子层面上进行高分辨率结构成像。随着技术进步，冷冻电镜的分辨率不断提高，2020年，Holger Stark 研究团队以1.25Å分辨率结构获得了脱铁铁蛋白的低温电镜图像（图5.19）。

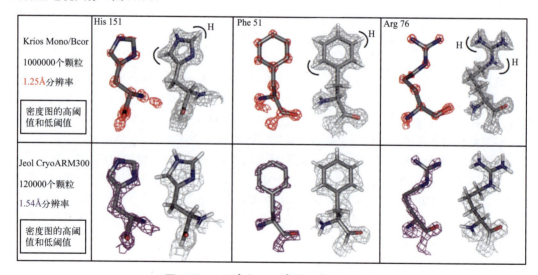

图5.19　1.25Å与1.54Å的结构特征对比

　问一问5.3

对于技术先进、价格十分高昂的冷冻电镜，它的成像一共分几步？

---

❶ 1Å=0.1nm。

我国利用冷冻电镜,在新冠病毒相关研究中也做出重要贡献。2020 年,西湖大学周强团队利用冷冻电镜解析了新冠病毒的细胞受体——ACE2 的结构,该成果有着重要意义,登上了《科学》杂志的封面(图 5.20)。同年,以饶子和院士为首的上海科技大学-清华大学抗新冠病毒联合攻关团队,也通过冷冻电镜技术解析了新冠病毒 RNA 聚合酶的结构(图 5.21)。

图 5.20　新冠病毒结构解析登上封面

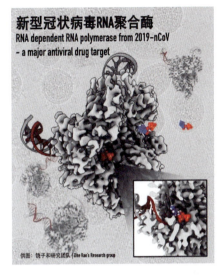

图 5.21　新型冠状病毒 RdRp-nsp7-nsp8 聚合酶复合物 2.9Å 分辨率电子显微结构

清华大学李赛课题组和浙江大学医学院附属第一医院传染病诊治国家重点实验室李兰娟院士课题组合作,利用冷冻电镜断层成像和子断层平均重构技术成功解析了新冠病毒(SARS-CoV-2)全病毒三维结构,这一重要研究成果于 2020 年 9 月 15 日以"新冠病毒的全分子结构"(Molecular architecture of the SARS-CoV-2 virus)为题在国际权威学术期刊《细胞》杂志上在线发表。这项研究首次解析了新冠病毒全病毒的高分辨率分子结构,通过高通量、高分辨率冷冻电镜断层成像技术,采集了 100TB 数据,从中筛选出 2294 颗病毒颗粒,并从病毒表面及内部挑选出 5.5 万个刺突蛋白和 2 万个核糖核蛋白复合物。利用这些数据,重构出一个具有代表性的完整病毒三维结构,分辨率最高达 7.8Å。统计结果表明,新冠病毒囊膜平均直径约 80nm,表面约有 30 个刺突蛋白,内部约有 30 个核糖核蛋白复合物(图 5.22)。

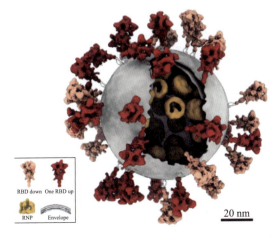

图 5.22　新冠病毒(SARS-CoV-2)全病毒三维结构

生物的玄妙一直吸引着一代又一代探索者，生命的细微组成——千姿百态的生物大分子，带领我们走向更加精细化的篇章。对于分子生物学的研究和生物鉴定仪器的研制，一直在继续着，有待我们进一步探寻……

参考文献

[1] https://www.nobelprize.org/prizes/chemistry/.

[2] 朱圣庚，徐长法. 生物化学 [M]. 第 4 版. 北京：高等教育出版社，2016.

[3] 丁明孝，王喜忠，张传茂，等. 细胞生物学 [M]. 第 5 版. 北京：高等教育出版社，2020.

[4] Smith M B. Biochemistry: an organic chemistry approach[M]. Boca Raton: CRC Press, 2020.

[5] 戎咏华. 分析电子显微学导论 [M]. 第 2 版. 北京：高等教育出版社，2014.

[6] 台湾质谱学会. 质谱分析技术原理与应用 [M]. 北京：高等教育出版社，2018.

[7] 高山知男. ノーベル化学賞受賞に導いた"魔法のマトリックス"とは [J]. 蛋白質・核酸・酵素，2003, 48(1): 63-66.

[8] 张景强，卢炘英，张勤奋. 结构生物学的新进展 [J]. 科学与进展，2001, 30(7): 407-412.

[9] Thompson R, Walker M, Slebert C A, et al. An introduction to sample preparation and imaging by cryo- electron microscopy for structural biology[J]. Methods, 2016, 100: 3-15.

[10] 席鹏，孙育杰. 超分辨率荧光显微技术——解析 2014 年诺贝尔化学奖 [J]. 科技导报，2015, 33(4): 17-21.

[11] Wang Y, Kuang C, Li S, et al. A 3D aligning method for stimulated emission depletion microscopy using fluorescence lifetime distribution[J]. Microscopy research and technique, 2014, 77(11): 935-940.

[12] Liu Z, Xing D, Su Q P, et al. Super-resolution imaging and tracking of protein-protein interactions in sub-diffraction cellular space[J]. Nature communications, 2014, 5: 4443.

[13] Kurt W. 蛋白质磁共振——从结构生物学到结构基因组学 [J]. 生命科学，2010, 22(3): 207-211.

[14] 杨帆，杨巍. 结构生物学研究热点 [J]. 浙江大学学报（医学版），2019, 2: 1-4.

[15] Beck M, Baumeister W. Cryo-electron tomography: can it reveal the molecular sociology of cells in atomic detail?[J]. Trends in cell biology, 2016, 26(11): 825-837.

[16] 雷建林. 三维电子显微学自动化数据采集的进展 [J]. 生物物理学报，2010, 26(7): 579-589.

[17] Shi J, Williams D R, Stewart P L. A Script-assisted microscopy (SAM) package to improve data acquisition rates on FEI Tecnai electron microscopes equipped with Gatan CCD cameras[J]. Journal of structural Biology, 2008, 164: 166-169.

[18] Leppik M, Liiv A, Remme J. Random pseuoduridylation in vivo reveals critical region *of Escherichia coli* 23S rRNA for ribosome assembly[J]. Nucleic acids research, 2017, 45(10): 6098-6108.

[19] Boni I V, Artamonova V S, Tzareva N V, et al. Non-canonical mechanism for translational control in bacteria: synthesis of ribosomal protein S1[J]. EMBO Journal, 2014, 20(15): 4222-4232.

[20] 许林玉. 阿龙·克卢格 (1926—2018) [J]. 世界科学，2019, 3: 64.

[21] 陈中健. 获得诺贝尔奖的六大显微镜技术 [J]. 生物学教学，2021, 46(9): 67-68.

[22] 蒋滨，李从刚，刘买利. 生物大分子冷冻电镜结构解析技术研究进展：2017 年诺贝尔化学奖解读 [J]. 中国科学：化学，2018, 48(3): 277-281.

[23] 林水啸，林默君. 冷冻电镜技术——2017 年诺贝尔化学奖介绍 [J]. 化学教育，2018, 39(8): 1-6.

[24] Yan R, Zhang Y, Li Y, et al. Structural basis for the recognition of SARS-Cov-2 by full-length human ACE2[J]. Science, 2020, 367: 1444-1448.

[25] Yao H, Song Y, Chen Y, et al. Molecular architecture of the SARS-CoV-2 virus[J]. Cell, 2020, 183: 730-738.

第 6 章
生物小分子

"生命，那是自然赋予人类去雕琢的宝石。"
——阿尔弗雷德·诺贝尔
"Life is a gem given by nature to human beings to carve."
— Alfred Nobel

"青蒿素是传统中医药送给世界人民的礼物。"
——屠呦呦（2015 年诺贝尔生理学或医学奖得主）
"Artemisinin is a gift from traditional Chinese medicine to the people of the world."
—Tu Youyou

6.1 生物小分子的重要作用

从化学的角度上说，小分子就是分子质量很小的天然化合物，通常是指分子质量小于 1000Da 的生物功能分子；但从生物角度上说，小分子就是具有生物活性的寡糖、寡核苷酸、维生素、矿物质、植物次生代谢产物及其降解产物（如苷元、萜类、生物碱）等。常见的生物小分子，例如核苷酸、单糖、维生素、有机酸等，其主要功能是作为构成生物大分子的基本单元，参与生命活动调节，如能量代谢、信号转导等。其中，有机酸包括乳酸、柠檬酸等，是一类含有羧基（—COOH）的有机化合物，参与能量代谢活动调节，是极其重要的生物小分子。

6.1.1 抗疟之旅——青蒿素的发现

疟疾，民间俗称"打摆子"，世界上最古老的疾病之一，是一种经按蚊叮咬传播由疟原虫感染所引起的寄生虫类传染病。疟疾主要表现为周期性规律发作，症状包括全身发冷、发热、多汗，长期发作后可引起贫血和脾脏肿大，部分病情严重的患者，可能会出现呼吸困难、皮肤苍白、皮肤淤点、黄疸、血尿等症状。

在历史上，人类经过了漫长的探索才揭开了疟疾的神秘面纱。实际上，在很长的一段时间里，人类甚至都不知道疟疾是通过蚊子传播的。西方人认为疟疾来源于不洁的空气，疟疾的英文名"malaria"就是由拉丁文"坏的"（mala）和"空气"（aria）组成的。中医则认为引起疟疾的病因是感染了疟邪，而疟邪来源于南方的毒瘴。关于抗疟特效药的发展史如图 6.1 所示。

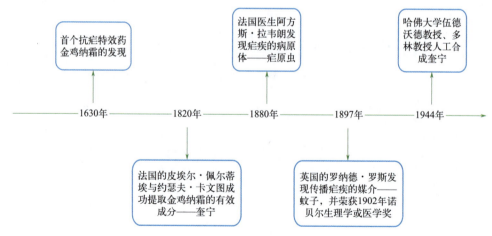

图 6.1 抗疟特效药的发展史

1967 年，"523"疟疾防治药物研究项目正式启动。1969 年，时年 39 岁的屠呦呦以中医研究院科研组组长的身份加入"523"项目，接过了寻找抗疟药物的接力棒，一心投身于抗疟药物的研发。屠呦呦先是在重庆酉阳地区发现了一株富含有效成分的"真正青蒿"，后来经植物分类学家吴征镒教授鉴定，最终将其命名为黄花蒿大头变型，简称大头黄花蒿。随后，屠呦呦在 1971 年用沸点较低的乙醚成功提取了青蒿提取物，富集了青蒿的抗疟组分，该提取物对疟原虫的抑制率达到了 100%，这一结果引起了全体参与者的关注。

知识框 6.1　此"青蒿"非彼"青蒿"

提取青蒿素的原植物，在植物学上叫"黄花蒿"而不是"青蒿"，植物学上的"青蒿"反而不含青蒿素。因此，含有青蒿素的不是"青蒿"而是"黄花蒿"。

青蒿与黄花蒿的外在形态是有细微区别的（图 6.2）。青蒿头状花序呈半球形，花序较大。青蒿叶面非绿中透黄，叶裂片轴有不甚规则的羽片。黄花蒿的头状花序近球形，花序较小。黄花蒿的叶面绿中透黄，叶裂片轴有狭翼。

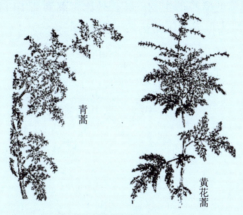

《植物名实图考》

图 6.2　古籍中的黄花蒿与青蒿

青蒿与黄花蒿的有效成分也是不一样的。青蒿的主要成分为各种挥发油，这里面包括青蒿甲素、青蒿乙素、青蒿内酯等倍半萜内酯类化合物。而黄花蒿的主要有效成分是具有很好的抗疟疾作用的青蒿素。

青蒿与黄花蒿的药理作用也是不一样的。青蒿具有清暑解热的功效。炎炎夏日用青蒿泡水能够解暑。青蒿主要当作食疗方使用，药用价值不大，而黄花蒿具有抗疟疾、抗菌、抗寄生虫以及解热作用。此外，黄花蒿对于心血管疾病也具有较好的防治效果。

关于两者的其他方面的区别如图 6.3 所示。

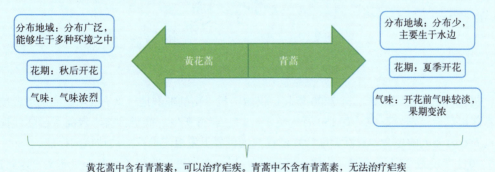

图 6.3　黄花蒿与青蒿的区别

此外，中国科学院上海有机化学研究所的周维善经过一系列艰苦卓绝的工作，于 1975 年成功给出了青蒿素的化学结构式，这是一个罕见的含有过氧基团的倍半萜内酯结构，而且结构中不含氮元素。经过一系列复杂的化学实验，周维善终于证明青蒿素分子结构中的过氧基团正是青蒿素杀灭疟原虫的有效成分。至此,再也没有人能质疑青蒿素的有效性了。1978 年,中国"523"项目工作组正式向世界宣告,青蒿素诞生了。

很快,以青蒿素为基础,双氢青蒿素、蒿甲醚、青蒿琥酯等青蒿素衍生物被各科研院所迅速开发出来,构成了青蒿素类药物家族(图 6.4)。与人工合成抗疟疾的氯喹类药物不同的是,青蒿素类药物家族中有一种双氢青蒿素。与青蒿素相比,双氢青蒿素多了一个羟基,有了这个羟基,科学家就可以在双氢青蒿素的分子结构上任意增加侧链,合成各种衍生物,这些衍生物具有更高的抗疟活性,同时还能保证疟原虫不产生耐药性。例如,在双氢青蒿素的基础上合成的蒿甲醚、青蒿琥酯等衍生物,其药效比青蒿素高 10 倍,而且更速效、更安全。因此,青蒿素类药物迅速成为世界各国的抗疟一线药。

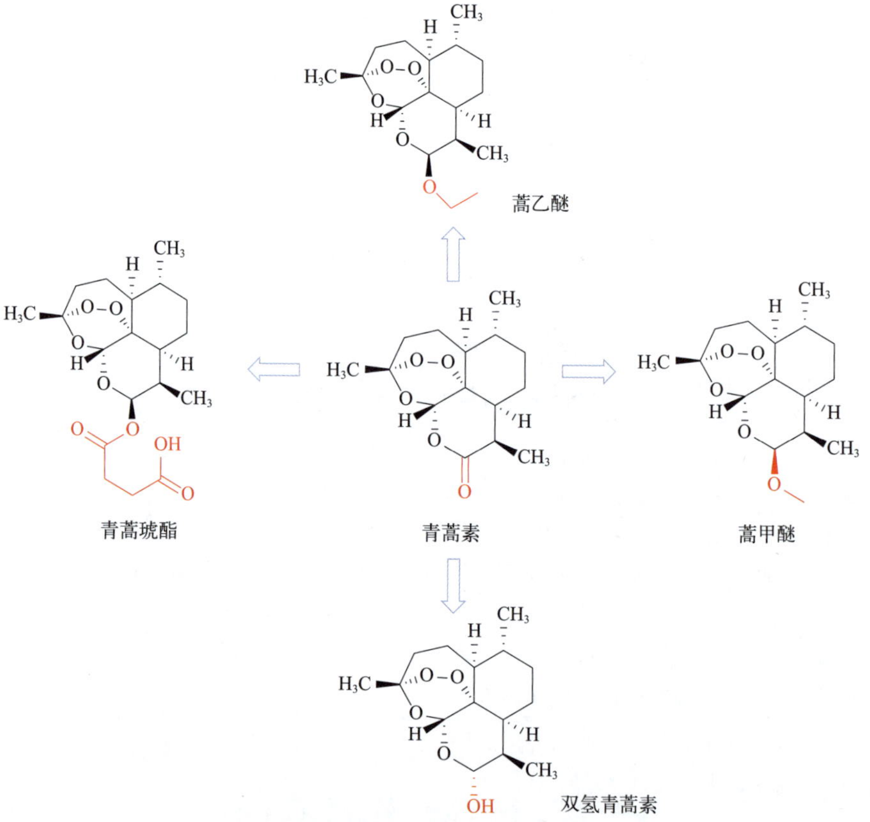

图 6.4 青蒿素及其衍生物的结构式

据世界卫生组织统计,自 2000 年起,仅撒哈拉以南的非洲地区就有 2.4 亿疟疾患者接受了青蒿素联合疗法,其中,有 150 万人免于死亡,获得新生。截至目前,青蒿素已陆续挽救全世界数百万人的生命,青蒿素联合疗法已成为世界卫生组织推荐的最佳抗疟疗法。

2011 年 9 月 23 日,屠呦呦因发现青蒿素,以全票通过率获得了素有诺贝尔奖"风向标"之称的国际医学大奖——拉斯克医学奖,以表彰她为挽救数百万疟疾患者所做的巨大贡献。时隔四年,2015 年 10 月 5 日,屠呦呦荣获诺贝尔生理学或医学奖,以表彰她"在寄生虫疾病治疗研究方面取得的成就",并成为了首个获得诺贝尔科学奖的中国本土科学家,她在领奖台上将荣誉归功于"523"项目集体,以及传统中医这一"伟大宝库"。刚过完 86 岁生日的屠呦呦在 2017 年 1 月 9 日又获得了国家最高科学技术奖,奖金 500 万元。

诺奖小故事 6.1　屠呦呦荣获"电视中的诺贝尔奖"

"青蒿一握,水二升,浸渍了千多年,直到你出现",这样一个造福人类的学者,因研制出抗疟特效药青蒿素,最终成功改变了世界,令人惊讶的是,她是看电视才知道自己获得了诺贝尔奖。

幼时中草药文化刻入血脉,"呦呦鹿鸣,食野之蒿",父亲给屠呦呦讲她名字的寓意,一来是希望自己的女儿能够像自由的小鹿一样快乐,二来也希望屠呦呦能够像青蒿般深深植根于土地,创造出属于自己的价值。或许从取这个名字开始,就注定了她会与青蒿素结下不解之缘。

在发现青蒿素后,为了能够验证青蒿素的安全性,勇敢的屠呦呦直接联合另外一名同事选择"以身试药"。所幸青蒿素完全安全,屠呦呦和同事的生命安全得到了保证!青蒿素最终进入了临床试验阶段,在这个试验阶段当中,青蒿素不仅没有产生任何的毒副作用,并且治疗疟疾成功的概率几乎达到了百分之一百!在青蒿素被发现之后,它作为一线药物,在治疗疟疾这方面挽救了成千上万百姓的生命,因此屠呦呦在2015 年被确定为诺贝尔奖得主。

说起来,屠呦呦那时候年事已高,再加上她对荣誉也不上心。诺贝尔奖委员会通知她的时候,她正好出门溜达去了。第二天看电视新闻的时候,屠呦呦才知道:"哦,我得诺贝尔奖了。"当时屠呦呦嫌去领奖的过程比较麻烦,差点放弃这个诺贝尔奖,好在同事苦口婆心劝告她说:"诺贝尔奖是一个国际大奖,咱们中国医学类的仅你一例,这不仅仅是你一个人的荣誉,也是整个国家的荣誉!"听到这句话,屠呦呦才愿意去领这个诺贝尔奖。图 6.5 为屠呦呦在诺贝尔奖颁奖现场。

大家不禁感叹原来伟大的科学家还有这么"任性可爱"的一面呢。在诺贝尔奖领奖台上,屠呦呦十分平静回首了发现青蒿素的经过以及为研究所做的努力,她声音不大,但是却言重九鼎。

图 6.5　屠呦呦在诺贝尔奖颁奖现场

截至 2022 年,除屠呦呦外,还有 10 位华人诺贝尔奖获得者,分别是杨振宁、莫言、李政道、丁肇中、李远哲、朱棣文、崔琦、高行健、钱永健、高锟。

可以预料的是,疟疾虽然无法像以前一样大规模兴风作浪,但仍会与人类长久相伴。如何控制和消灭传播疟疾的按蚊?如何遏制恶性疟疾对青蒿素产生耐药性?这些问题还未有一个肯定的答案。在今后的"抗疟战争"中,人类仍然任重而道远。

6.1.2 人体为什么需要维生素？

由于现代生活节奏快、工作压力大等原因，上班族熬夜加班的现象十分严重，这种不规律作息对身体所造成伤害，使大部分人的身体都处于"亚健康"状态，而人们的部分应对措施就是额外摄入适量的维生素来增强免疫力，改善身体状况，但维生素是如何提升人体免疫力的呢？

维生素是参与生物生长发育和代谢所必需的一类微量有机物质，对机体的新陈代谢、生长发育、健康有极其重要的作用。虽然这类物质每日的需要量极少，仅以 mg 或 µg 计算，但由于体内不能合成或合成量不足，所以必须由食物供给。维生素在生物体内的作用不同于糖类、脂肪和蛋白质，并不是作为碳源、氮源或能源物质，也不是用来供能或构成生物体的组成部分，但却是代谢过程中所必需的。

当机体缺乏维生素时，物质代谢就会发生障碍。因为各种维生素的生理功能不同，所以缺乏不同的维生素会产生不同的疾病，这种由于缺乏维生素而引起的疾病称为维生素缺乏症（avitaminosis）。

通常根据其溶解性可以将维生素分为脂溶性和水溶性两大类。脂溶性维生素有维生素 A、维生素 D、维生素 E、维生素 K 等，水溶性维生素有维生素 C 和 B 族维生素（维生素 B_1、维生素 B_2、维生素 B_3、维生素 B_5、维生素 B_6、维生素 B_7、维生素 B_{11}、维生素 B_{12} 等）等。在生物体内，维生素大多以辅酶和辅基形式存在。

6.1.2.1 维生素 C——抗坏血酸

维生素 C 具有抗坏血病的功能，故又称 L-抗坏血酸，分子式为 $C_6H_8O_6$，其结构式如图 6.6 所示，是一种含有 6 个碳原子的酸性多羟基化合物。

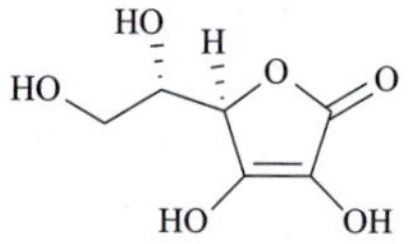

图 6.6 维生素 C 的结构式

虽然现在维生素 C 唾手可得，随时可以买到，但它的发现却历经波澜，早在 15 世纪的航海时代，维生素 C 的发现历史就悄然开始了。在航海时代，船员中普遍出现一种流行病，使得船员出现牙齿脱落、疲乏易怒、极其消瘦，甚至肌肉腐烂等不良症状，这种病在当时被称为"坏血病"。由于不了解病因，人们只能尝试各种各样的治疗方法：有人放血换血（认为患者的血液坏了），有人被强迫劳动（认为该病是懒惰所致），有人喝蜜糖、醋，甚至硫酸和盐酸（当时这些都被视为药剂）。上述所有方法的效果都时好时坏，没人能确定哪种方法是对的，哪种方法是有真正的治疗作用的。

诺奖小故事 6.2　维生素 C 与"海上凶神"——坏血病的"初遇"

坏血病是人类几百年前就发现的疾病，但由于不了解病因，就一直被认为是一种不治之症。哥伦布是 15 世纪意大利伟大的航海家，他常常带领船队在大西洋上乘风破浪，远航探险。那时，航海生活不光非常艰苦，而且充满危险。船员们在船上只能吃到黑面包和咸鱼。当时流行着一种可怕的传说，在航海期间很容易得一种怪病，患者先是感到浑身无力，走不动路，接着就会全身出血，然后慢慢地死去。船员们都把这种怪病叫作"海上凶神"。

有一次，船队又出发了。不久，"海上凶神"就悄悄地降临了。船队才航行不到一半的路程，已经有十几个船员病倒了。望着四周一片茫茫的海水，哥伦布的心情十分沉重。那些病重的船员为了不拖累大家，对哥伦布说："船长，您就把我们送到附近的荒岛上吧。等你们返航归来的时候，再把我们的尸体运回家乡。"哥伦布含着眼泪点了点头……

几个月过去了，哥伦布的船队终于胜利返航了。船离那些重病船员所在的荒岛越来越近，哥伦布的心情也越来越沉重。这次探险的成功，是用十几个船员的生命换来的呀！哥伦布这么想着，船不知不觉已经靠岸。正在这时，十几个蓬头垢面的人从岛上向大海狂奔过来。这不是那些船员吗？他们还活着！哥伦布又惊又喜地问道："你们是怎么活下来的？""我们来到岛上以后，很快就把你们留下的食物吃完了。后来，肚子饿的时候，我们只好采些野果子吃。这样，我们才一天天活下来。"

"难道秘密在野果子里面？"哥伦布一回到意大利，就把这些船员起死回生的奇迹讲给医生听。后来，经过众多科学家的深入研究，人们发现野果子和其他一些水果、蔬菜都含有一种名叫维生素C的物质，正是维生素C救了那些船员的生命。

原来，所谓的"海上凶神"就是"坏血病"，它是由于人体内长期缺乏维生素C引起的，当身体内补充了适量的维生素C，坏血病就不治而愈了。

1747年，英国医生詹姆斯·林德（James Lind）发现坏血病高发人群是普通士兵，他们日常饮食以粗饼干和咸肉为主，而高级士兵则很少出现。于是，他将12名身患坏血病的水手分为6组，在基础饮食一致的基础上，再给每组额外服用一种不同的食物，进行各种对比，发现吃到橘子或喝到柠檬水的那组士兵的病情得到了有效的缓解。医生吉尔伯特·布莱恩（Gilbert Blane）研究了詹姆斯·林德的成果，1795年布莱恩被任命为英国海军医疗委员会委员，上任后他力推柠檬汁疗法，要求每个海军官兵每天必须饮用四分之三盎司（约20mL）柠檬汁。这一要求实行后，英国海军士兵坏血病患病率大幅降低，据统计：1780年英国海军患坏血病死亡一千四百五十七人，到了1806年，死亡人数仅为一人，到1808年，坏血病竟在英国海军中消失了。自此以后，柠檬汁成为英国海军的必备品，英国海军也被称为"柠檬人"。

抗坏血酸在1928年首先由匈牙利科学家艾伯特·圣乔其（Albert Szent-Györgyi）（图6.7）从卷心菜中分离得到，根据经验，他认为其化学式为$C_6H_8O_6$，并命名为己糖醛酸（hexuronic acid），至此，维生素C才开始渐渐被人们了解到。随后，艾德蒙·赫斯特（Edmund Hirst）和诺曼·霍沃思（Norman Haworth）在1933年测定了维生素C的结构。同年，瑞士的塔德乌什·赖希施泰因（Tadeus Reichstein）成功地进行了维生素C的人工合成，并于1934年实现了维生素C的工业化量产。

由于上述贡献，圣乔其获得了1937年的诺贝尔生理学或医学奖。最后，艾伯特·圣乔其和诺曼·霍沃思决定将维生素C命名为抗坏血酸，因为它能够治疗坏血病（表6.1）。

图6.7 艾伯特·圣乔其

表 6.1　维生素 C 功效及其作用机制

功效	作用机制
提高免疫力	有助于蛋白质中氨基酸还原为半胱氨酸，促进抗体合成
美容养颜	促进真皮层的胶原蛋白生成，使皮肤变得更加白皙有弹性；抑制酪氨酸酶的形成，减少黑色素沉着，淡化色斑
促进伤口愈合	胶原蛋白是促进伤口愈合的物质，而维生素 C 是形成胶原蛋白必需的物质，能起到促进伤口愈合的作用
预防贫血	使难以被人体吸收的三价铁还原成易被吸收的二价铁，促进叶酸还原成四氢叶酸，有助于防治缺铁性贫血
避免动脉发生硬化	将人体内的胆固醇转变成胆汁酸，在减少胆固醇的情况下，可以防止动脉硬化发生

 诺奖小故事 6.3　差点与诺贝尔奖"失之交臂"的艾伯特·圣乔其

　　1893 年 9 月 16 日，圣乔其出生于匈牙利布达佩斯的一个著名科学家的家族中。但是起初，他并不是一个才华出众的学生，后来才华逐渐显露出来。第一次世界大战初期，圣乔其是在奥地利军队中度过的，他曾因英勇而受勋，不过他觉得战争没有意义故而又重新学习。24 岁时，他在布达佩斯大学攻读解剖学，获得了医学博士学位。后来又到了英国学习，并于 1927 年在剑桥大学获得哲学博士学位。

　　1928 年的时候，圣乔其在实验室中成功地从牛的副肾腺中分离出 1g 纯粹的维生素 C，并发表论文确定维生素 C 的化学分子式为 $C_6H_8O_6$。1930 年圣乔其回到匈牙利，发现匈牙利的辣椒中含有大量的维生素 C，并成功地从中分离出 1kg 纯粹的维生素 C，送一批给哈沃斯分析其结构。1932 年，美国匹兹堡的化学家查尔斯·金（Charles King）从圣乔其的一名学生那里得知他所鉴定的物质就是维生素 C，就抢先在杂志上发表这个结果。但是最终，因为圣乔其对维生素 C 和人体内氧化反应的研究，1937 年的诺贝尔生理学或医学奖还是颁给圣乔其，而不是查尔斯·金。

　　后来，独立合成维生素 C 的赖希施泰因则因发现具有调节代谢、水盐平衡以及促进人体生长发育功能的多种肾上腺皮质激素获得了 1950 年的诺贝尔生理学或医学奖。维生素 C 是人工合成的第一种维生素，不仅有着诸多的医疗保健功效，而且价格十分便宜。因此，物美价廉的维生素 C 成为了普通大众的首选。

6.1.2.2　维生素 K——凝血维生素

　　维生素 K 具有促进凝血的功能，故又称凝血维生素。天然的维生素 K 有两种：维生素 K_1 和维生素 K_2。其中，维生素 K_1 在绿叶植物及动物肝中含量较高，维生素 K_2 则是人体肠道细菌的代谢产物，它们都是 2-甲基-1,4-萘醌的衍生物。

　　1928 年，丹麦生物化学家卡尔·彼得·亨里克·达姆（Carl Peter Henrik Dam）在开展"小鸡胆固醇代谢"的专项研究工作时发现，用一种除去了胆固醇的饲料喂养小鸡，小鸡会发育不良，同时在小鸡的皮下、肌肉乃至全身都有出血症状，而向饲料中再加入纯化的胆固醇也无法逆转出血状况，还有其他很多方法也都无法减轻症状。最后，达姆发现只要在饲料中加入极普通的紫花苜蓿和鱼粉，就能完全治愈上述症状。于是，他将苜蓿或鱼粉中存在的因素称为维生素 K［K 是德文中"Koagulation"（中文译为"凝固"）一词中的第一个字母］。达姆与保罗·卡勒（Paul Karrer）在 1939 年提取了维生素 K。卡勒凭借对类胡萝卜素、维生素 A 和维生素 B_2 的研究成果与霍沃思（研究碳水化合物的组成和维生素 C 的分子结构）分享了 1937 年的诺贝尔化学奖（图 6.8）。

图 6.8　诺曼·霍沃思和保罗·卡勒

 诺奖小故事 6.4　亨利克·达姆和维生素 K

在丹麦哥本哈根大学工作的丹麦生物化学家亨利克·达姆因发现"维生素 K"而受到嘉奖。起初，他一直在研究小鸡是否需要在饮食中接受固醇来源。实际上，鸡被发现是能够合成胆固醇的，但是他的一些鸡由于其正常的凝血机制失效而出现严重的内出血，而这些问题可以通过喂食绿叶和肝脏中的一种因子来预防，这种因子被称为"维生素 K"。此外，研究发现与其具有相同生物活性的结构不太相同的化合物存在于发酵的动物产品（如鱼粉）中。

1939 年，化学家爱德华·阿德尔伯特·多伊西（Edward A. Doisv）成功分离出维生素 K，并确定了它的化学结构。与此同时，他观察到维生素 K 分为两种，一种是由绿色植物中分离出的维生素 K，称为维生素 K_1，另一种则是由大肠腐败作用所产生的维生素 K，称为维生素 K_2，二者稍有不同。图 6.9 为两种天然维生素 K 的化学结构式。由于维生素 K 的研究成果，多伊西和达姆共同获得了 1943 年的诺贝尔生理学或医学奖（图 6.10）。

维生素K_1

维生素K_2

图 6.9　天然维生素 K 的化学结构式

图 6.10　爱德华·阿德尔伯特·多伊西和亨利克·达姆

6.1.2.3　B 族维生素

B 族维生素是一个豪门大户，不仅成员众多，而且本领高强，堪称神仙家族，诺奖担当。19 世纪以来，有 19 位科学家因为研究维生素获得诺贝尔奖，其中光靠研究 B 族维生素，就诞生了 7 位诺贝尔奖得主。下面选择具有代表性的进行介绍。

维生素 B_1 为抗神经炎维生素（抗脚气病维生素），分子式 $C_{12}H_{17}ClN_4OS \cdot HCl$，分子量 337.27，化学结构是由含硫的噻唑环和含氨基的嘧啶环组成，故称硫胺素（thiamine），在生物体内常以焦磷酸硫胺素（thiamine pyrophosphate）的辅酶形式存在。其化学结构式如图 6.11 所示。

图 6.11　维生素 B_1 的化学结构式

随着人类生活条件的不断提高，很多生活条件好的人，身体上出现了很多不明的症状，如消化不良、食欲不振、便秘、腹胀、厌食，严重的甚至出现肌肉酸痛、下肢无力、失眠、健忘等情况，这种病在当时被称为"脚气病（beriberi）"。19 世纪末，荷兰科学家克里斯蒂安·艾克曼（Christiaan Eijkman）等在当时"荷属东印度"（现印度尼西亚）的军队中研究脚气病，其主要目的是寻找导致感染脚气病的细菌。后来，他无意中发现吃精米的鸡更容易出现脚气病症状，而啄食糙米的鸡则可以避免罹患类似人类脚气病的多发性神经炎。

 诺奖小故事 6.5　军队中的"脚气病"与鸡饲料的秘密

当时在荷属东印度的爪哇岛暴发了脚气病，每年死于脚气病的多达数万人。为此，荷兰政府在 1866 年成立了一个专门研究脚气病的委员会。28 岁的艾克曼自告奋勇，加入其中。

此后，艾克曼等在当时荷属东印度的军队中研究脚气病。经过两年的调查研究，认为脚气病是一种多发性的神经炎，并从患者血液中分离出一种球菌，确认它是引起多发性神经炎的元凶。可是，艾克曼总觉得对于脚气病还没有彻底弄清楚，比如，会不会传染等。于是,艾克曼决定独自留下来,继续调查。

艾克曼发现了一个有趣现象:鸡群中突然暴发了一种病,许多小鸡精神委顿,步态不稳,严重的甚至死去。经病理解剖,艾克曼确认这些鸡也得了脚气病。可是,实验室换了喂鸡雇员后,病鸡慢慢地恢复了健康,脚气病不治而愈了。

有一天,他偶然经过实验室附近的一个医院的病房,听见几个"老病号"在那儿闲聊:"那个实验室喂鸡的雇员好久没来了。""是啊!白花花的精米饭的剩饭扔掉真可惜。"

"喂鸡?"艾克曼一下子警觉起来,他连忙上前打听。"老病号"告诉艾克曼:以前那个雇员每天都要到医院来拣剩的精米饭。艾克曼想,这也许与脚气病有关。艾克曼找到原来的雇员,询问他原来饲喂鸡的食物是什么,他以为自己克扣实验室里的鸡粮,用医院剩精白饭喂鸡的事已暴露,只好低头承认。接着,艾克曼又找到新雇员,新雇员告诉他:"我都是用实验室里发的饲料喂。"

"莫非脚气病与饲料有关?"艾克曼决定就这一问题做深入研究,跑了许多监狱,发现吃糙米的囚犯每1万名中只有1名脚气病患者。随后,他将小鸡分成两组,一组饲喂精白米饭,另一组饲喂糙米,一段时间后,前者得了脚气病,后者却正常。他用糙米饲喂患有脚气病的小鸡,结果小鸡渐渐恢复了健康。

经过这一番的研究,艾克曼断定糙米的米皮里含有一种物质,这种物质可以防治脚气病。艾克曼着手这种物质的提取工作,但以失败告终。

1906年,英国生物化学家弗雷德里克·霍普金斯(Frederick Hopkins)用含蛋白质、糖类、脂类和微量元素的饲料去喂食老鼠,老鼠无法存活,而向饲料中加入微量牛奶后,老鼠能存活下来,表明了如果仅仅依靠蛋白质、碳水化合物和脂肪是不能维持生命的。

综合艾克曼和霍普金斯两个人的研究,确认了食物中含有某些生命必需的微量物质,也就是我们所说的维生素。因为这些对维生素研究的早期开创性工作,艾克曼和霍普金斯于1929年被授予诺贝尔生理学或医学奖(图6.12)。

图6.12 克里斯蒂安·艾克曼和弗雷德里克·霍普金斯

1912年,波兰生物化学家卡西米尔·冯克(Casimir Funk)宣称提纯了这种能治疗"脚气病"的物质,发现这种物质对维持身体健康具有重要作用。因为它能治疗"脚气病",就使用了脚气病英文单词的开头字母,将其命名为Vitamin B(维生素B)。然而,真正的抗脚气病因子由两名荷兰的化学家巴伦德·简森(Barend C. P. Jansen)和威廉·多纳斯(Willem F. Donath)于1926年从糠中提取,并命名为硫胺素。1936年,美国人罗伯特·威廉姆斯(Robert R. Williams)确定其化学结构并用化学方法合成了硫胺素(即维生素B_1)。

维生素B_2与能量的产生直接相关,可促进生长发育和细胞的再生,因其化学结构上有一个核糖醇,遂将其命名为核黄素,也就是维生素 B_2。德国科学家里夏德·库恩(Richard Kuhn)于 1933 年从脱脂牛奶中分离出核黄素(维生素 B_2),并确定其化学结构,又在 1935 年与瑞士化学家卡勒(1937 年诺贝尔化学奖获得者)人工合成了维生素 B_2,进一步确定它是一种辅酶,并阐明了其生理功效。1937 年库恩合成维生素 A,次年又分离出维生素 B_6,因对维生素的研究工作做出了巨大的贡献,获得了 1938 年的诺贝尔化学奖。

美国科学家文森特·迪·维尼奥(Vincent du Vigneaud)因首次合成多肽激素获得了 1955 年诺贝尔化学奖。此外,他的一项重要研究成果就是确定了生物素(维生素 B_7)的结构并对其进行了合成。生物素又称维生素 B_7、维生素 H,广泛分布于动植物中,牛奶、蛋黄、苹果、瘦肉等中含量较高。1936 年,德国化学家弗里茨·科戈(Fritz Kögl)和本诺·腾尼斯(Benno Tennes)从煮熟的蛋黄中分离出一种可以促进酵母生长的结晶物质,称之为"生物素"。1942 年,维尼奥获得了生物素的化学结构。

维生素 B_{12} 是 B 族维生素中最后一个被发现的,是最复杂的天然产物之一。维生素 B_{12} 是一种含有金属钴的复杂有机分子,广泛应用于药品、饲料、食品和化妆品等领域。1849 年,英国伦敦的内科医生托马斯·艾迪生(Thomas Addison)报道了一种恶性贫血病。患者因贫血而备受折磨,在 2~5 年间病情愈演愈烈,最后往往以死亡告终。在这种恶性贫血病出现后的 70 多年间,欧美医学界一直无法弄清病因。直到 1926 年,美国哈佛医学院的乔治·理查兹·迈诺特(George Richards Minot)和威廉·帕里·莫菲(William Parry Murphy)在治疗恶性贫血的患者时发现,每日吃半斤生的或轻微煮过的牛肝,患者的贫血症状会大为减轻。后来,医生们用肝浓缩物治疗该病,挽救了无数生命。

诺奖小故事 6.6　与医学相伴一生的惠普尔

1878 年,惠普尔生于美国新罕布什尔州阿希兰,父亲、祖父都是著名医生。1914 年,他被任命为加利福尼亚大学医学院的研究医学教授,并担任该大学胡珀医学研究基金会主任,在 1920—1921 年期间担任医学院院长。

惠普尔的主要研究涉及贫血和肝脏的生理和病理,他在威廉戈加斯将军和达林博士的领导下工作了一年,研究寄生虫感染引起的贫血。贫血意味着血液中的红细胞数量太少,惠普尔和他的同事从狗身上抽取血液,然后给它们不同种类的食物,同时研究新血细胞的形成。20 世纪 20 年代初的研究表明,血细胞的形成是由肝脏、肾脏、肉类等食物刺激的,这为治疗严重贫血(恶性贫血)提供了治疗途径,惠普尔给出的方法是让患者每天吃大量的肝脏。因对贫血治疗的研究,惠普尔与迈诺特、莫菲共享了 1934 年诺贝尔生理学或医学奖。图 6.13 从左至右分别为惠普尔、迈诺特和莫菲。

图 6.13　乔治·霍伊特·惠普尔、乔治·理查兹·迈诺特和威廉·帕里·莫菲

此后，多罗西·克劳福特·霍奇金（Dorothy Crowfoot Hodgkin）（图6.14）等人在1948年获得了第一张维生素B_{12}的X射线衍射照片，并在1961年用X射线晶体结构分析方法测定了5'-脱氧腺苷钴胺素（维生素B_{12}体内存在形式）的晶体结构。因此，她在1964年获得了诺贝尔化学奖。

图6.14　多罗西·克劳福特·霍奇金

 诺奖小故事6.7　女科学家霍奇金

> 多罗西·克劳福特·霍奇金，英国生物化学家，促进了蛋白质晶体学的发展，推动了先进的X射线晶体学技术在确定生物大分子的三维结构上的应用。
>
> 霍奇金被视为生物分子X射线晶体学研究领域的先驱科学家之一。有趣的是，晶体学被认为是一门"技术科学"，不利于该领域科学家声望的形成，甚至因为该领域的女性科学家相对其他领域较多，被贬损为是"女人天生擅长的事儿"。
>
> 科学需要合作精神，然而因性别偏见造成的不公正却难以抵挡。当霍奇金的团队1955年在牛津大学最终解开维生素B_{12}复合物结构之谜时，《纽约时报》把这项工作作为剑桥大学亚历山大·托德（Alexander Todd）的成就大肆鼓吹。
>
> 事实上，与托德在《自然》杂志发表的有关维生素B_{12}化学分析的论文相比，霍奇金牛津大学团队的论文更早一些。1955年，在英国埃克塞特大学召开的化学学会会议上，托德就结构问题最先发言，最终，霍奇金站出来澄清了到底谁做了什么。
>
> 即使患有类风湿关节炎，手足受严重影响，但她凭着毅力，克服了病痛的折磨。1964年，她因得到青霉素和维生素B_{12}的结构获得诺贝尔化学奖。1969年，在获得诺贝尔奖5年之后，霍奇金破译了胰岛素的结构。

科学无国界，虽然霍奇金是第一个破解胰岛素晶体结构的专家，但是，当她看到中国的研究结果后，说中国的胰岛素结晶是最漂亮的结晶，分辨率比她的还要高。霍奇金曾先后8次访问中国，当时西方世界曾一度封锁中国，不允许西方科学家进入中国，在那时造访中国，是一个冒险的举动，霍奇金却毫不畏惧。

近年来，中国科学院研究团队解析了维生素B_{12}好氧合成途径中钴螯合与腺苷钴啉醇酰胺磷酸的合成机理，将维生素B_{12}合成途径划分成了5个模块，将来源于5种细菌中的28个基因成功在大肠杆菌细胞中完成了组装、调控，最终实现了维生素B_{12}在大肠杆菌中从头合成，合成菌种发酵周期仅为目前工业生产菌株的1/10，有望成为新一代维生素B_{12}工业菌株。

6.1.2.4 维生素 D

德国科学家阿道夫·奥托·赖因霍尔德·温道斯 (Adolf Otto Reinhold Windaus) 因发现维生素 D 获得 1928 年诺贝尔化学奖。1925 年，作为类固醇研究的权威人士，温道斯受邀去纽约研究抗佝偻病维生素。1927 年，他通过一系列巧妙的化学转化及与已知化合物比较，推导出麦角甾醇可能是食物中维生素 D 的前体。1928 年，温道斯回到哥廷根的实验室，又分离出该维生素的三种形式：两种得自受辐照植物的固醇，他称之为维生素 D_1 和维生素 D_2；一种分离自受辐照的皮肤，他称之为维生素 D_3，能有效预防佝偻病的发生。后来发现维生素 D_1 是混合物，而不是纯的维生素化合物，所以不再使用维生素 D_1 这个名字。图 6.15 是维生素 D_2 和维生素 D_3 的结构式及生成过程。

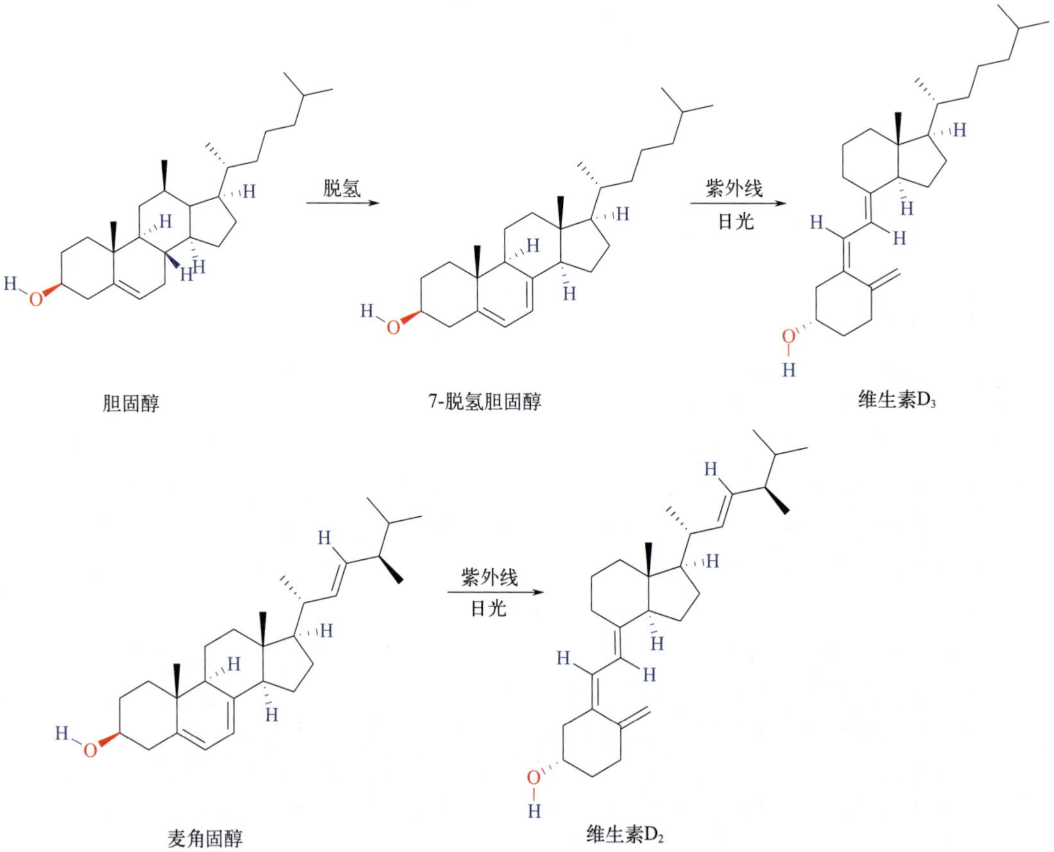

图 6.15　维生素 D_2 与维生素 D_3 的结构式及生成过程

可以看到，每一种维生素的发现和利用都是人类战胜疾病的一个里程碑，也是人类医学和医药史上的一个又一个重大成就，对人类生存状况的改善和总体健康水平的提高有着十分重要的意义。

6.2　生物小分子的合成与代谢

6.2.1　生命活动的能量从何而来——糖酵解途径

800 米跑是田径运动中的一项重要项目，要想提高运动员的竞技能力，首先需要了解运动员体内的供能特点，保证其体内能量的供应。在深入分析 800 米跑运动员的供能机制后，可知无氧代谢供应机体的能量约占 50%，是 800 米跑运动员主要供能方式，而作为重要的能量获取方式——糖酵解途径在这个过程里"功不可没"。

 知识框 6.2　800 米跑运动员的体内供能机制

运动员训练时的供能物质主要是糖和高能磷酸化合物，在 800 米跑开始的前 3s 内，就已经消耗完毕了体内大部分的 ATP，随着运动的进行，CP（肌酸磷酸）的供能速率开始慢慢提高，大约 15s 后，CP 也几乎消耗完。此时，机体处于缺氧的条件下，糖酵解的供能速率显著提高，它的能量合成速率比较慢，但是维持较高速率的供能时间却可以达到 1min 以上。

在所有耐力项目中糖酵解的输出功率最大，总能耗最少，几乎耗尽全部 CP，运动前血乳酸浓度约为 1mmol/L，运动过程中血乳酸浓度急速上升。由于乳酸的消耗，pH 值下降。此外，由于乳酸的分解产生 H^+，抑制肌细胞内糖酵解酶活性，因此，800 米跑的能量供应方式主要是无氧代谢，其供应机体的能量约占 50%，而有氧代谢是次要供能方式，其供应的能量约占 15%，所以重点提高运动员的无氧代谢能力、磷酸原代谢能力等，或可取得最佳训练效果。

对于人体细胞，糖不仅作为能量的重要来源，更是体内重要碳源的合成原料，同时其衍生物是机体组织细胞的组成成分，例如糖蛋白、糖脂等。糖的地位如此重要，那人体到底是通过何种方式来进行糖的分解与代谢的呢？一般认为，糖酵解过程是最古老、最原始获取能量的一种方式，也是人体获得能量的主要途径。糖酵解作用就是细胞在无氧条件下，对葡萄糖进行分解，经历 10 步反应，最终形成 2 分子丙酮酸并提供能量的过程，其总反应方程式如下：

葡萄糖 + 2Pi + 2ADP + 2NAD^+ ⟶ 2 丙酮酸 + 2ATP + 2NADH + 2 [H]+ 2H_2O

除了人体存在糖酵解这种能量代谢活动，微生物同样存在类似的能量代谢途径，尤其是酵母菌。在历史的长河中，人们就已经开始利用酵母菌将葡萄糖发酵成乙醇和 CO_2，这也表明了人们很早就开始利用发酵过程了，例如，在社会生产中人们根据自己的需要发展了酿酒及面包制造业等。虽然发酵过程的合理运用早早提上了"日程"，但对于发酵过程的研究却始于 19 世纪后半叶。

19 世纪中叶，法国微生物学家路易斯·巴斯德（Louis Pasteur）在科学界有着极高的名望，他认为发酵现象是由微生物引起的，发酵过程以及其他各种生物过程都离不开一种生命物质所固有的活力的作用，他称发酵为"不要空气的生命"，被誉为糖类酵解研究的奠基人。

在巴斯德之后，对糖酵解发现作出实质性贡献的要数布赫那兄弟（Hans Buchner, Edward Buchner）。1897 年，布赫那兄弟意外发现酵母菌浸出液居然能引起蔗糖发酵，这是人类第一次发现在没有活酵母存在情况下的发酵现象。从此，开启了研究没有活细胞参与的发酵的新纪元。对于酵母浸出液的作用原理，最早作出贡献的是英国生物学家亚瑟·哈登（Arthur Harden）和威廉·杨戈（William Young）。他们证明了磷酸盐是发酵过程中的关键物质，缺少磷酸盐，发酵过程的第一步就无法进行。

哈登的研究表明糖酵解必须有发酵酶和发酵辅酶的存在才能够继续进行下去，同时他对糖类酵解的两个阶段，尤其从葡萄糖到甘油醛-3-磷酸和二羟丙酮磷酸的磷酸化过程阐述得十分充分，系统总结出了反应的五个步骤，至此糖酵解已经被解析了一半。1929 年，诺贝尔化学奖颁给了哈登和奥伊勒-凯尔平（Euler-Chelpin）。除了因为他们关于糖酵解的研究外，还因为他们阐明了酶和辅酶的作用，并确定了辅酶的结构，而这一成果既完善了生物化学的内容，又促进了酶促代谢反应研究的发展。

在糖酵解研究中起到总结作用的科学家是英国生理学家阿奇博尔德·维维安·希尔（Archibald Vivian Hill），在经历了十几年的研究之后，1935 年希尔在前人研究的基础上，将葡萄糖转变为乳酸或者酒精所经历的十个中间步骤的无氧代谢途径串联起来，同时详细确定了各个反应中所需要的酶催化剂和能量物质 ATP 等。他指出葡萄糖首先磷酸化成为葡萄糖-6-磷酸，这是糖酵解的第一步，随后，葡萄糖-6-磷酸又异构化形成果糖-6-磷酸，这是整个反应的重要限速步骤。他发现糖酵解过程主要分为两个阶段：第一个阶段是准备阶段，包括葡萄糖的磷酸化、异构化等，最终转化成甘油醛-3-磷酸；第二个阶段是释放能量的阶段，从甘油醛-3-磷酸变成丙酮酸并释放能量。这两个阶段在整个糖类代谢的过程中处于起始的位置，也是最核心的位置。最终，希尔的研究结果和相关的论断被很多学者和实验室进一步证实，至此糖酵解的整个过程才被大家所熟知，并被学术界采纳。

对于糖酵解贡献最突出的是古斯塔沃·艾伯顿（Gustav Embden），他提出果糖-1,6-二磷酸裂解的形式以及后续的步骤。随后奥托·迈尔霍夫（Otto Meyerhof）对古斯塔沃·艾伯顿提出的假设做了合理修改，研究了糖酵解作用的动力学，并提出 Embden-Meyerhof 糖酵解理论。鉴于他们的重要贡献，从葡萄糖开始至生成丙酮酸的过程常常被称为 EMP 途径（Embden-Meyerhof-Parnas pathway）。而迈尔霍夫因发现肌肉中氧的消耗和乳酸代谢之间的固定关系获得了 1922 年的诺贝尔生理学或医学奖。此外，在糖酵解的研究过程中，对糖类研究贡献突出的赫尔曼·费歇尔（Hermann Emil Fischer）和霍沃思（除此之外，还研究了维生素 C 的分子结构）分别获得了 1902 和 1937 年的诺贝尔化学奖。糖酵解过程如图 6.16 所示。

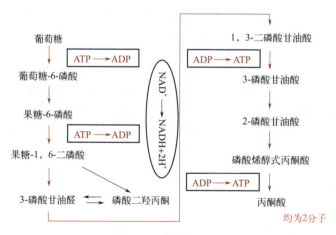

图 6.16　糖酵解过程

6.2.2　物质代谢与能量代谢的枢纽——三羧酸循环

随着生活水平的提高，人们的肥胖现象愈加严重，减肥成为了当下的流行话题。这些年来，跑步减肥的话题热度只增不减，尤其对于跑步减肥应选择早上还是傍晚的问题。作为重要的能量代谢途径的三羧酸循环在跑步过程中发挥了巨大的作用，或许它能告诉你正确答案！

知识框 6.3 跑步减肥应选择早上还是傍晚？

相信大部分人的选择更倾向于早上空腹跑步，觉得早上锻炼才是打开美好的一天的正确方式，但这相比于傍晚跑步真的更有利于减肥吗？早上空腹跑步的真实情况是肌肉在有氧运动时葡萄糖和脂肪酸同时供能，不能想当然地"逼着肌肉只利用脂肪酸，而不利用葡萄糖"。在早上不吃早饭血糖水平较低，肌肉只能在有氧运动时通过代偿途径分解蛋白质来维持三羧酸循环运行，增加了掉肌肉的风险的同时又降低了燃脂效率。比起早上跑步，傍晚跑步时体内有储备的糖原且皮质醇水平较低，跑步减脂效果更好！

若没有足够的葡萄糖供给，三羧酸循环无法持久运行，而需要肌肉启动代偿途径，即将肌肉中的蛋白质分解成氨基酸，以维持三羧酸循环的正常运行，最终会导致我们消耗肌肉。上述现象中的三羧酸循环是糖、脂肪、蛋白质等氧化分解所共同经历的途径，是物质与能量代谢的枢纽（图6.17）。

图 6.17 三羧酸循环与物质代谢的关系

无氧环境下，葡萄糖经过分解代谢生成丙酮酸，继而无氧发酵形成乳酸（人体）或者乙醇（酵母菌）。在有氧条件下，葡萄糖分解代谢生成丙酮酸后，进入线粒体内生成乙酰辅酶A（乙酰CoA），最终进入三羧酸循环形成CO_2和水。不过，还有特殊情况的存在，例如：人的成熟红细胞即使在有氧条件下，由于缺乏线粒体而只能进行乳酸发酵；人的骨骼肌细胞等由于能量需求较大较急也通常进行乳酸发酵。

除去特殊情况，在有氧条件下，人体内大部分细胞中糖分解代谢的主要途径都是丙酮酸变为乙酰CoA，随后乙酰CoA进入柠檬酸循环彻底氧化变成CO_2和水。柠檬酸在这一循环里起着关键的作用，故这一循环称为柠檬酸循环，又因为柠檬酸含有三个羧基，所以这一循环又称为三羧酸循环（tricarboxylic acid cycle，TCA循环）。

糖酵解途径所生成的丙酮酸生成乙酰CoA是进入三羧酸循环的前提条件，该循环由乙酰CoA与草酰乙酸缩合成柠檬酸开始。三羧酸循环的起始步骤则可看作是由含4个碳原子的草酰乙酸与循环外的含2个碳原子的乙酰CoA形成含6个碳原子的柠檬酸。接着，柠檬酸经三步异构化成为异柠檬酸，然后进行氧化形成含6个碳原子的草酰琥珀酸，再脱羧失去1个碳原子形成含5个碳原子的α-酮戊二酸，这是三羧酸循环的第一步脱羧反应。随后，α-酮戊二酸再氧化脱羧形成含4个碳原子的琥珀酸，后续步骤见图6.18。汉斯·阿道夫·克雷布斯（Hans Adolf Krebs）就是因为发现这一系列反应获得了1953年诺贝尔生理学或医学奖，因此，三羧酸循环也被称作Krebs循环。

汉斯·阿道夫·克雷布斯发现柠檬酸、琥珀酸、延胡索酸以及乙酸在不同组织中的氧化速率无一例外都是最快的，而且他还发现向肌肉悬浮液中加入草酰乙酸后会迅速生成柠檬酸，再者加上圣乔其（1937年的诺贝尔生理学或医学奖获得者）的发现，即向肌肉组织悬浮液中加入少量草酰乙酸或苹果酸等4碳二羧酸，则氧的利用量远远超过加入的二羧酸本身氧化为

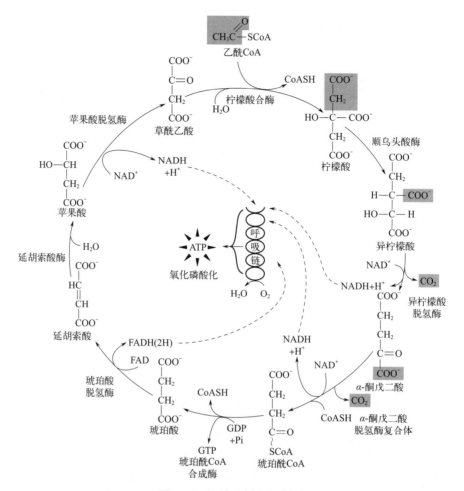

图 6.18 三羧酸循环示意图

CO_2 和水所需要的氧分子。由此表明，它们对耗氧产生了一种催化作用。此外，还有卡尔·马修斯（Carl Martius）和弗朗茨·科诺普（Franz Knoop）两位科学家证明柠檬酸经过顺乌头酸酶的催化最终被异化为异柠檬酸，再依次脱羧生成 α-酮戊二酸和琥珀酸。通过总结前人的研究成果和重要发现，克雷布斯在 1937 年提出了三羧酸循环并阐述了该循环的反应机制，他的推理和假设能够圆满地解决许多已经揭示的代谢现象，而这一发现也被公认为代谢研究的里程碑。虽然目前的生物化学已经进入分子时代，但三羧酸循环仍然是教科书中的经典。此外，三羧酸循环不仅是葡萄糖在体内彻底氧化供能的途径，也是脂肪、氨基酸在体内氧化的共同途径，它也是三大营养素在代谢上相互联系、相互转变的途径。由于提出三羧酸循环理论，并解释了机体内所需能量的产生过程和糖、脂肪、蛋白质的相互联系及相互转变机制，克雷布斯与弗里茨·阿尔贝特·李普曼（Fritz Albert Lipmann，发现辅酶 A 及其对中间代谢的重要性）共同获得了 1953 年诺贝尔生理学或医学奖。

1953 年，德国生物化学家费奥多尔·吕南（Feodor Lynen）在酵母细胞中分离出了乙酰辅酶 A，因此获得了 1964 年诺贝尔生理学或医学奖。出生于德国的美国生物化学家康拉德·埃米尔·布洛赫（Konrad Emil Bloch）则因研究并阐明了从乙酰辅酶 A 到胆固醇的生化合成全过程而与吕南一起分享了 1964 年诺贝尔生理学或医学奖。

出生于印度的美国分子生物学家哈尔·葛宾·科拉纳（图 6.19）与罗伯特·威廉·霍利以及马歇尔·沃伦·尼伦伯格因破解遗传密码并阐释其在蛋白质合成中的作用这一研究成

果而共同获得了 1968 年的诺贝尔生理学或医学奖。此外，科拉纳的另一项重要研究成果就是合成了辅酶 A（coenzyme A，CoA）。辅酶 A 是一种含有泛酸的辅酶，它对于糖、脂肪和蛋白质的代谢起着非常重要的作用，在某些酶促反应中作为酰基的载体。辅酶 A 可以用于治疗白细胞减少症、特发性血小板减少性紫癜、功能性低热，且对脂肪肝、各种类型的肝炎、动脉炎、冠状动脉硬化等，都可以起到辅助治疗的作用。辅酶 A 具有以下作用和功效：①能够为机体提供能量，辅酶 A 是体内多种酶反应通路的辅助因子，能够激发三羧酸循环，提供机体生命所需 90% 的能量；②能够提供生物活性物质；③参与大量机体必需物质的合成；④能起到传递酰基的作用；⑤激活白细胞，促进血红蛋白合成，参与抗体的产生；⑥促进结缔组织形成和修复，减轻抗生素和其他药物引起的毒副作用。

图 6.19　哈尔·葛宾·科拉纳

知识框 6.4　丙酮酸到乙酰辅酶 A 的"曲折旅程"

丙酮酸变成乙酰 CoA 这一反应是丙酮酸在丙酮酸脱氢酶复合物的催化下进行氧化脱羧而完成的，该反应在线粒体基质（mitochondrion matrix）中进行。丙酮酸脱氢酶复合物拥有三个结构域，如表 6.2 所示。

表 6.2　丙酮酸脱氢酶复合物的组成

组分	缩写	辅基	催化的反应
丙酮酸脱氢酶	E1	焦磷酸硫胺素（TPP）	丙酮酸氧化脱羧
二氢硫辛酸转乙酰基酶	E2	硫辛酸	将乙酰基转到 CoA
二氢硫辛酸脱氢酶	E3	黄素腺嘌呤二核苷酸（FAD）	将还原型硫辛酰胺转变为氧化型

首先，丙酮酸脱氢酶结构域催化丙酮酸脱去羧基，羰基碳原子与羧基相连的键则与一分子 TPP 相连，同时羰基被还原为羟基。此处用到了丙酮酸脱氢酶复合物的第一个辅酶——TPP，TPP 是维生素 B_1 硫胺素的辅酶形式。由于 TPP 分子中带有的 N=C 部分具有强吸电子效应，使得脱羧反应容易进行，α-酮酸的脱羧反应通常需要这种辅酶。

接着，在第一步中还原形成的羟基碳重新被氧化为羰基，由氧化型硫辛酰赖氨酸作氢原子受体，其二硫键被还原为两个巯基，紧接着在二氢硫辛酸转乙酰基酶的催化下，与 CoA 发生取代反应，CoA 的—S—CoA 基团接到乙酰基上，游离出还原型的硫辛酰赖氨酸。这里用到了两个辅酶——硫辛酸和 CoA。

最后，为了实现物质的循环利用，还原型的硫辛酰赖氨酸重新在二氢硫辛酸脱氢酶的催化下脱氢变回氧化型硫辛酰赖氨酸，脱下的氢先呈递给 FAD 再呈递给 NAD^+。这里又用到两个辅酶——FAD 和 NAD^+。

于是，整个三步反应的结果是一分子丙酮酸转化为一分子乙酰 CoA，释放出一分子 CO_2 和一分子 NADH。此外，一共需要的五种辅酶有：TPP、硫辛酸、CoA、FAD 和 NAD^+。丙酮酸变为乙酰 CoA 的三步反应中第一步速率最慢，是该反应的控制步骤。

问一问 6.1

有传闻说柠檬可以用来减肥,这是否跟柠檬中富含的柠檬酸有关系呢?

柠檬中富含的柠檬酸是生理学中脂肪、蛋白质和糖类转化为 CO_2 的过程中的重要化合物,可间接加速能量燃烧,有助于减肥,而且柠檬酸参与的化学反应是几乎所有代谢的核心反应,能够为高等生物提供大量能量。

6.3 生物小分子的合成与应用

6.3.1 胆固醇是"坏"分子吗——胆固醇的合成与应用

当您在食用大鱼大肉,享受饕餮盛宴的时候,胆固醇就存在于您进食的鱼、肉、大闸蟹等蛋白类食品中,从胃顺流而下进入肠道,并在此分解成看不见、摸不着的小分子脂肪酸,透过血管进入您的血液循环。随后胆固醇进入了此次旅行的第一站,肝脏。肝脏是人体的化工厂,这里面有严格的管理制度、复杂的机械设备。肝脏先将那些小分子脂肪酸合成为胆固醇,由于胆固醇与水分子合不来,所以,肝脏煞费苦心地再次包装胆固醇,以便其能够在您体内继续旅行,免签那种!

胆固醇(cholesterol),又称胆甾醇,是一种环戊烷多氢菲的衍生物。早在 18 世纪人们就已经从胆石中发现了胆固醇,1816 年化学家本歇尔将这种具有脂类性质的物质命名为"胆固醇"。此后,发现胆固醇不仅存在于胆石中,还存在于人和脊椎动物的所有器官中,是一种重要的生命物质。除了参与形成细胞膜外,胆固醇还是合成胆汁酸这种具有消化功能物质的必需成分,亦是合成类固醇激素的前体。随着对胆固醇研究的深入,人们后来发现这种重要的生命物质在体内含量偏高时,常常对人体有害。当胆固醇含量过高时,它会引起胆结石这一多发性、常见性疾病;更为甚者,当它在血管中不断积累,沉积在动脉血管壁时,会损害并改变血管的结构和功能,导致动脉粥样硬化,继而引起脑卒中、心脏病及脑血栓等疾病,如同癌一样威胁人的生命,死亡率极高。

图 6.20　阿道夫·温道斯

胆固醇有着复杂的化学结构,幸运的是,在持续了近三十年对胆固醇(胆甾醇)结构的研究下,阿道夫·温道斯(图 6.20)终于阐明了其结构,并且发现紫外线可以使胆固醇转化为维生素 D,同时发现了这种维生素的化学前身是 7-脱氢胆固醇,进而发现了胆固醇与维生素的关系,推动了治疗心脏疾病药物的研究进展。1928 年,温道斯因研究胆固醇和维生素取得的重要成果而获得诺贝尔化学奖,并且他把获得的奖金几乎全部用于扩大自己创办的维生素研究所。

然而,肝脏是如何合成胆固醇的呢?美国生化学家布洛赫将化学领域的放射性同位素标记技术引入研究,最终在 20 世纪 50 年代揭示了胆固醇合成的整套机制:这是一套从一个名为"乙酰辅酶 A"的原料开始的、拥有三十多步酶催化反应的复杂系统(图 6.21)。布洛赫因此和发现胆固醇合成原料"乙酰辅酶 A"的德国科学家吕南共享了 1964 年的诺贝尔生理学或医学奖。

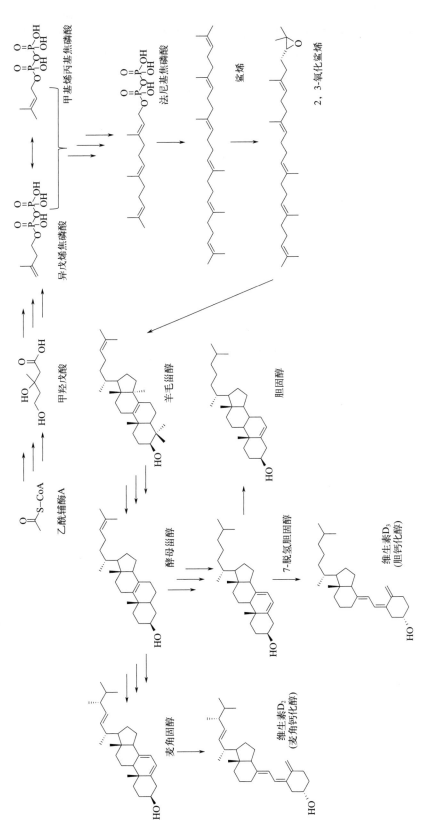

图 6.21 从乙酰辅酶 A 合成维生素 D 示意图

胆固醇代谢的调节机制是什么呢？1976年，约瑟夫·高尔斯坦（Joseph Goldstein）和麦克·布朗（Michael Brown）（图6.22）利用家族性高胆固醇血症患者的细胞，证明低密度脂蛋白确实可以与细胞表面结合并被细胞"吞噬"，而患者的细胞无法结合并吞噬低密度脂蛋白，从而导致了严重的高胆固醇血症。1978年，高尔斯坦和布朗与日本科学家远藤章（Akira Endo）合作，证明了他汀类物质能够有效抑制羟甲基戊二酰辅酶A还原酶（HMG-CoA还原酶）的活性，从而为治疗高胆固醇血症打开了大门。他们发现天生动脉硬化的患者患病的根本原因在于缺少干扰胆固醇介导的低密度脂蛋白受体或该受体功能缺陷，因此，他们为心力衰竭和心血管疾病的治疗作出了很大的贡献。1985年，高尔斯坦和布朗因胆固醇代谢调节机制的重大发现共同获得了诺贝尔生理学或医学奖。

图6.22　麦克·布朗和约瑟夫·高尔斯坦

　　HMG-CoA还原酶是人体内生物合成胆固醇过程当中的限速酶，能催化底物HMG-CoA生成产物甲羟戊酸（mevalonic acid），该反应是体内合成胆固醇的限速步骤，HMG-CoA还原酶是调节血脂药物的重要作用靶点。HMG-CoA还原酶的抑制剂与底物HMG-CoA具有相似的结构片段，它的亲和力要大于底物，能够竞争性地抑制HMG-CoA还原酶催化底物生成甲羟戊酸，减少胆固醇的生成并降低其在体内的含量，特别是降低了低密度脂蛋白胆固醇（LDL-C）的含量。

　　布朗和高尔斯坦合作几十年，二人致力于研究细胞如何控制胆固醇代谢，并作出了诸多杰出的贡献。同时，两位学者多年以来的强强合作，如此长久、稳定且默契的合作关系，是他们不断取得新突破的不竭动力和强大支撑。

　　随着科学水平的提高，我们对胆固醇有了更深的了解，每个人的血液和组织细胞中都含有胆固醇。运输胆固醇的载体分为高密度脂蛋白和低密度脂蛋白，因此，胆固醇又分为高密度脂蛋白胆固醇（HDL-C）和低密度脂蛋白胆固醇（LDL-C）。高密度脂蛋白密度高、颗粒小，低密度脂蛋白密度低、颗粒大。高密度脂蛋白富含磷脂，可以输出胆固醇促进胆固醇的代谢。高密度脂蛋白胆固醇主要在肝脏合成，可以将血液中多余的胆固醇从细胞带出并送至肝脏，使其经过肝脏处理分解后再被移出体外，可以防止游离胆固醇在动脉壁和其他组织中积累，对预防动脉粥样硬化有积极作用，俗称"血管清道夫"，是"好"胆固醇。低密度脂蛋白运载胆固醇进入外周组织细胞，向组织运送胆固醇。低密度脂蛋白可以被氧化成氧化低密度脂蛋白，当这类脂蛋白过量时，其携带的低密度脂蛋白胆固醇会积存在动脉壁上，容易引起动脉硬化。因此，低密度脂蛋白胆固醇常常被认为是引起疾病的"凶手"，是"坏"胆固醇。降低低密度脂蛋白胆固醇可以减少动脉粥样硬化疾病的发生，从而预防和治疗心脑血管疾病。

6.3.2 脂肪酸是如何获得的？——脂肪酸的合成与应用

炸薯片作为当代大多数年轻人都喜欢的零食，却因含有反式脂肪酸，让人"望而却步"。炸薯片中的反式脂肪酸是含有反式非共轭双键结构的不饱和脂肪酸，过多摄入不仅会导致肥胖，还会使血液中的胆固醇升高，从而增加心血管疾病发生的危险，所以在日常生活中要严格控制反式脂肪酸的摄入量。不过，反式脂肪酸（trans fatty acids,TFA）只不过是"脂肪酸大家族"中的一员，其他脂肪酸却不像它这般有"杀伤力"。

1951年，分离了辅酶A与乙酸的缩合产物——乙酰辅酶A的费奥多尔·吕南提出了脂肪酸生物合成多酶复合体系的观念，为脂肪酸及胆固醇代谢、三羧酸循环等途径的研究铺平了道路，而后又阐明了丙二酰辅酶A在脂肪酸合成中的关键地位。由于对胆固醇及脂肪酸代谢的研究成果，吕南与布洛赫（图6.23）共获1964年诺贝尔生理学或医学奖。

图 6.23 费奥多尔·吕南和康拉德·埃米尔·布洛赫

吕南对脂肪酸的代谢过程所进行的研究意义重大。脂肪酸由脂肪水解形成，是脂质的一种，在有充足氧气供给的情况下，可以氧化分解为二氧化碳和水，并且释放出大量能量。由此可见，脂肪酸是生物机体能量的来源之一，对于维持人体的基础代谢有着举足轻重的作用。脂肪酸有40多种，分为饱和脂肪酸和不饱和脂肪酸，它们主要的区别在于化学结构中是否有不饱和键，饱和脂肪酸没有不饱和双键，而不饱和脂肪酸有一个或者多个不饱和双键。比如我们常见的花生油、玉米油、菜籽油等植物油，就富含不饱和脂肪酸，它们在室温下呈液态。而猪油、羊油、牛油这样的动物脂肪，则是以饱和脂肪酸为主，在室温下呈固态。不过，深海鱼油是个例外，它虽然属于动物脂肪，但是却富含不饱和脂肪酸，所以在室温下仍是液态的。常见的饱和脂肪酸有辛酸、癸酸、月桂酸、豆蔻酸、软脂酸、硬脂酸、花生酸等，常见的不饱和脂肪酸有油酸、亚油酸、亚麻酸、花生四烯酸等。

反式脂肪酸属于不饱和脂肪酸。其分子包含位于碳原子相对两边的反向共价键结构，和"顺式脂肪酸"相比此反向分子结构不易扭结。天然的不饱和脂肪酸大都是顺式结构，所以动物所能代谢的大多为顺式结构的脂肪酸。反式脂肪酸是经人工氢化处理后才诞生的，自然界中几乎不存在，人也难以处理此类不饱和脂肪酸，一旦其进入人体中，大都滞留于人体，进而增加罹患心脑血管疾病的概率。

从对人体的营养角度来看，饱和脂肪酸和一部分不饱和脂肪酸是人体能够自行合成的，不需要通过食物来补充。而另一部分不饱和脂肪酸则是人体必需的，人体自身却不能合成，这就必须依赖于外源食物的供应，比如，ω-3族脂肪酸和ω-6族脂肪酸中多不饱和脂肪酸，而且这部分不饱和脂肪酸与儿童的生长发育和健康有很大关系，比如智力发育、记忆力等。因此，为了维持机体的正常运转，必须从膳食中补充这部分不饱和脂肪酸，富含不饱和脂肪酸的食物如下。

① 蔬菜类：花菜、韭菜、萝卜、冬瓜、海带、紫菜、香菇、花菇。
② 鱼类：各种海鱼。
③ 水果：山楂、橘子、菜果、石榴。
④ 奶类：在所有奶制品中，酸奶中的不饱和脂肪酸的含量最为丰富。
⑤ 坚果类：核桃、葵花子、榛子等。

脂肪酸对于人体来说是极为重要的。吕南从科学的角度阐述了脂肪酸在人体或动物体内的合成、消耗、再合成的机理，他的研究成果是全人类的科学财产。

 问一问 6.2

脂肪酸与脂肪是什么关系呢？

脂肪酸是脂肪的组成部分，脂肪在脂肪酶的作用下分解产生甘油和脂肪酸，脂肪酸是脂肪的水解产物。自然界存在的脂肪酸有 40 多种，有几种脂肪酸人体自身不能合成，必须由食物供给，称为必需脂肪酸。脂肪是由三分子的脂肪酸和一分子的甘油组成。脂肪酸在氧气的催化下，可氧化分解为二氧化碳和水，释放大量能量，为机体供能，是机体能量的主要来源之一。脂肪可溶于多数有机溶剂，但不溶于水，而低级的脂肪酸可以溶于水。近年来的研究证明只有亚油酸和亚麻酸是必需脂肪酸，而花生四烯酸则可利用亚油酸由人体自身合成。

6.3.3 微生物"变身"大药房——天然产物的合成与应用

天然产物是指由生物体产生的、具有特定化学结构和生物学活性的化合物。这些化合物通常是在自然界中发现的，可以来源于植物、动物、微生物，其中主要包括各种酚类、生物碱类、黄酮类、糖苷类、萜类、醌类、甾体类、鞣酸类、抗生素类等天然存在的化学成分。天然化合物在保护人类健康和治疗疾病等方面起着十分重要的作用。

对大部分植物来源的天然产物而言，由于结构复杂，具有较多的手性中心等特点，无法通过从头化学合成满足工业化需求，所以它们的获取还依赖于药用植物的生长、化合物抽提与纯化这一传统的天然化合物制备方法。

随着新兴的合成生物学技术的发展，可以通过在微生物底盘细胞中重构天然化合物的异源合成途径来便捷地获得足够量的天然产物，这为活性化合物的开发与应用提供了新途径。将植物天然产物的合成途径导入基因工程菌中，可以大规模生产我们所需要的产物。目前技术较为成熟的合成产物有白藜芦醇（2021年）、甘草次酸（2020年）、红景天苷（2014年）、生物碱（2002年）、人参皂苷（2018年）等。

（1）生物碱

目前生产的许多药物直接来源于天然化合物或者被受到了天然化合物启发的科研人员所创制。比如，英国科学家罗伯特·鲁宾逊爵士（Sir Robert Robinson）（图 6.24）系统地阐述了有机化合物分子结构定性的电子理论，他对生物碱分子结构的深入研究，成功使一些抗疟药物实现了大规模生产。他因对

图 6.24　罗伯特·鲁宾逊爵士

具有重要生物学意义的植物产物，特别是生物碱的科学研究而获得了1947年诺贝尔化学奖。鲁宾逊于1939年受封为爵士，并于同年当选为英国化学会会长。1939年7月战争爆发，他投身于各种政治活动并服务于多个团体，研究也转向与战争更直接相关的项目，例如，化学武器和抗疟疾药物。对青霉素的研究，花去了他在战争后期的大部分研究时间。1945年战争结束后，鲁宾逊在牛津大学重新开始了对甾体合成方面的研究，同时继续研究马钱子碱和士的宁。鲁宾逊致力于有机结构和有机理论的研究，成功测出生物碱如罂粟碱、尼古丁、吗啡等的化学成分和结构式，并成功合成了青霉素、马钱子碱等药物。

那可丁作为镇咳药，已有上百年的临床历史。那可丁与可待因同为从鸦片中获得的药物，两者均具有镇咳作用，但那可丁不具有依赖性和成瘾性，是一种安全药物。2018年克里斯蒂娜·斯莫尔克（Christina Smolke）课题组在高效合成那可丁前体S-reticuline的底盘细胞中，组合导入了30多个来源于不同植物、动物、细菌和酵母的基因，在酵母中实现了那可丁的从头生物合成。

那可丁是从罂粟中分离出来的一种潜在的抗癌药，编码负责那可丁合成的酶的基因聚集在罂粟的基因组上。通过在酿酒酵母中重组那可丁基因簇而实现的那可丁及其相关途径中间体的微生物生产，补充并扩展了以前在植物和体外研究中的应用。通过工程化一种表达16种异源植物酶的酵母菌株，从简单的生物碱去甲去氧肾上腺素重建了那可丁的14步生物合成途径，达到（1.64 ± 0.38）μmol/L 那可丁的滴度。

（2）脂肪酸

利用微生物合成脂肪酸的研究一直以来都受研究人员关注。第一次世界大战期间，人们已经开始进行微生物脂肪酸的研究。当时德国为了解决油源的缺乏而利用产脂内孢霉生产油脂。第二次世界大战前夕，德国科学家筛选到了适于深层培养的菌种，并开始工业化生产。我国在这一领域的研究始于二十世纪九十年代，主要集中在菌种的筛选、发酵工艺条件的优化等方面。例如，二十二碳六烯酸（DHA）是神经保护素D1的前体，大脑细胞膜的重要组成成分，参与脑细胞的形成和发育，对神经细胞轴突的延伸和新突起的形成有重要作用，可维持神经细胞的正常生理活动，参与大脑思维和记忆形成过程，在体内代谢过程中可由 α-亚麻酸生成，但生成量较低，主要通过深海鱼油等食物补充。研究人员发现，破囊壶菌、裂殖壶菌等微生物中可以积累DHA，他们通过对这些微生物遗传背景的探究、代谢途径的分析与发酵条件的优化，确定了合成DHA的关键酶，实现了DHA产量的提升。

不仅利用传统脂肪酸生产菌株或对工程菌株进行改造实现了不同种类脂肪酸的合成，利用二氧化碳合成脂肪酸也取得了突破。2022年，电子科技大学夏川课题组、中国科学院深圳先进技术研究院于涛课题组与中国科学技术大学曾杰课题组共同完成了通过电催化结合生物合成的方式，将二氧化碳高效还原合成高浓度乙酸，并进一步利用微生物合成葡萄糖和脂肪酸的工作。该工作是继我国首次实现利用二氧化碳合成淀粉后，利用二氧化碳合成的又一产物，他们通过电化学耦合生物发酵实现将二氧化碳和水转化为长链产品。

（3）萜类化合物

萜类化合物的生理活性与医疗价值，吸引了众多科学家进行研究。青蒿素（artemisinin，$C_{15}H_{22}O_5$）被世界卫生组织认定为抗击疟疾的一线用药，是一种倍半萜的萜类化合物。美国加利福尼亚大学伯克利分校的科学家实现了利用酵母细胞工厂发酵生产青蒿酸，并开发了经简单化学反应合成青蒿素的工艺。经计算，在不到100m² 发酵车间中青蒿素年产量能达到35t，相当于我国近5万亩❶耕地的种植产量。这种基于合成生物学原理，通过人工合成细胞发酵生产植物天然产物的绿色高效的新型生产模式已经得到了工业界的认可。

---

❶ 1亩=666.67m²。

五环三萜类化合物是甘草根中的重要天然产物，甘草酸（glycyrrhizic acid，$C_{42}H_{62}O_{16}$）是其中含量最高、应用最广的成分，是甘草发挥药效的主要成分，也是甘草甜味的来源。单葡萄糖醛酸基甘草次酸（glycyrrhetic acid 3-O-mono-β-D-glucuronide, GAMG，$C_{36}H_{54}O_{10}$）是甘草酸水解末端的葡萄糖醛酸后生成的疏水与亲水均为适中的、生物利用度更高的甘草三萜衍生物，生理功效与甘草酸相当，但甜度却远超蔗糖，是甘草根部的稀有甘草三萜化合物。2021年，清华大学/北京理工大学李春课题组利用酿酒酵母实现了甘草酸和GAMG的全合成。该工作是课题组前期在酿酒酵母中突破了甘草酸和GAMG中的重要前体β-香树脂醇（β-amyrin，$C_{30}H_{50}O$）和甘草次酸（glycyrrhetinic acid，$C_{30}H_{46}O_4$）的全合成之后，通过挖掘、表征和引入来自哺乳动物的糖基转移酶和UDP-葡萄糖脱氢酶，首次实现酵母细胞工厂全合成甘草酸和GAMG，产量分别为5.98mg/L和2.31mg/L，为解决甘草及其他稀缺天然产物获取过程中存在的资源短缺等问题提供了新思路。

参考文献

[1] https://www.nobelprize.org

[2] 吴其濬. 植物名实图考[M]. 重印版. 北京：中华书局，1963.

[3] 朱安远. 青蒿素之母——诺贝尔奖得主屠呦呦[J]. 世界科学，2022: 54-57.

[4] 王镜岩，朱圣庚，徐长法. 生物化学[M]. 北京：高等教育出版社，2002.

[5] 刘晓飞，刘宁，关桦楠，等. 课程思政理念下三羧酸循环途径的教学设计[J]. 黑龙江科学，2022, 13(21): 156-158.

[6] 刘斌，杨金月，田笑丛，等. 维生素C的历史——从征服"海上凶神"到诺贝尔奖[J]. 大学化学，2019, 34 (08): 96-101.

[7] 任衍钢，宋玉奇. 胆固醇的发现与认识历程[J]. 生物学通报，2012, 47(10): 59-62.

[8] 顾咏琪，卞涛，吴艳. 高密度脂蛋白在肺部疾病中的研究进展[J]. 中国病理生理杂志 2023, 39(7): 1324-1329.

[9] 金梅，王瑜，臧宝霞. 低密度脂蛋白胆固醇及相关因素与脑出血关系的Meta分析[J]. 心肺血管病杂志，2022, 41(3): 309-316.

[10] 承朋利，吴胜，黄建忠. 辅酶A的生物合成途径及其应用[J]. 福建轻纺，2023: 23-29.

[11] 陈清平，沈俊毅. 加工食品中反式脂肪酸研究进展[J]. 现代食品，2023, 29(17): 13-20.

[12] Naeem A, Hu P, Yang M, et al. Natural products as anticancer agents: current status and future perspectives. Molecules, 2022, 30;27(23): 8367.

[13] 黎丽，窦光鹏，霍文严，等. 裂殖壶菌发酵产DHA油脂的生产工艺优化[J]. 中国油脂，2015: 77-81.

[14] Fang H, Li D, Kang J, et al. Metabolic engineering of *Escherichia coli* for de novo biosynthesis of vitamin B_{12}. Nature communications, 2018, 9: 4917.

[15] Kang Q, Fang H, Xiang M J, et al. A synthetic cell-free 36-enzyme reaction system for vitamin B_{12} production. Nature communications, 2023, 14: 5177.

[16] Ro D K, Paradise E M, Ouellet M, et al. Production of the antimalarial drug precursor artemisinic acid in engineered yeast. Nature, 2006, 440 (7086): 940-943.

[17] Zhu M, Wang C X, Sun W, et al. Boosting 11-oxo-β-amyrin and glycyrrhetinic acid synthesis in *Saccharomyces cerevisiae* via pairing novel oxidation and reduction system from legume plants. Metabolic engineering, 2018, 45: 43-50.

[18] Xu K, Zhao YJ, Ahmad N, et al. O-glycosyltransferases from *Homo sapiens* contributes to the biosynthesis of glycyrrhetic Acid 3-O-mono-β-D-glucuronide and glycyrrhizin in *Saccharomyces cerevisiae*. Synthetic and systems biotechnology, 2021, 6: 173-179.

[19] Paddon C J, Westfall P J, Pitera D J, et al. High-level semi-synthetic production of the potent antimalarial artemisinin. Nature, 2013, 496(7446): 528-532.

[20] Zheng T T, Zhang M L, Wu L H, et al. Upcycling CO_2 into energy-rich long-chain products via electrochemical and metabolic engineering. Nature catalysis, 2022, 5: 388-396.

[21] Li Y, Li S, Thodey K, et al. Complete biosynthesis of noscapine and halogenated alkaloids in yeast. Proceedings of the national academy of sciences U. S. A, 2018, 115 (17) : 922-3931.

[22] Ekiert H M, Szopa A. Biological activities of natural products. Molecules, 2020, 25(23): 5769.

[23] Ibrahim G G, Yan J, Xu L, et al. Resveratrol production in yeast hosts: current status and perspectives. Biomolecules, 2021, 11(6): 830.

[24] Wang S, Meng D, Feng M L, et al. Efficient plant triterpenoids synthesis in *Saccharomyces cerevisiae*: from mechanisms to engineering strategies. ACS synthetic biology, 2024, 13(4): 1059-1076.

[25] Sun W T, Xue H J, Liu H, et al. Controlling chemo- and regioselectivity of a plant P450 in yeast cell toward rare licorice triterpenoid biosynthesis. ACS catalysis, 2020, 10: 4253-4260.

[26] Bai Y, Bi H, Zhuang Y, et al. Production of salidroside in metabolically engineered *Escherichia coli*. Scientific report, 2014, 4: 6640.

[27] Hughes E H, Shanks J V. Metabolic engineering of plants for alkaloid production. Metabolic engineering, 2002, 4(1): 41-48.

[28] Lu J, Li J, Wang S, et al. Advances in ginsenoside biosynthesis and metabolic regulation. Biotechnology and applied biochemistry, 2018, 65(4): 514-522.

[29] Gao J, Zuo Y, Xiao F, et al. Biosynthesis of catharanthine in engineered *Pichia pastoris*. Nature synthesis, 2003, 2: 231-242.

[30] Luo J, Yang H, Song B L. Mechanisms and regulation of cholesterol homeostasis. Nature reviews molecular cell biology, 2020, 21(4): 225-245.

第 7 章
药物的发现

"科学进步的真正动力来自对未知的好奇和对现有知识的不满。"
——保罗·埃尔利希（1908年诺贝尔生理学或医学奖得主）

"The true driving force behind scientific progress is curiosity about the unknown and dissatisfaction with existing knowledge."
——Paul Ehrlich

"我们必须记住，这不仅仅是一个科学事业；这是关于患者的。能够有所作为是我的荣幸。"
——詹姆斯·艾利森（2018年诺贝尔生理学或医学奖得主）

"We have to remember that this is not just a scientific endeavor; this is about patients. It's a privilege to be in a position to make a difference."
——James P. Allison

7.1 自然界的瑰宝

7.1.1 古时医药的出现

古籍记载：神农始尝百草，始有医药。神农氏尝遍百草的滋味，体察百草寒、温、平、热的药性，于是用文字记下药性用来治疗百姓的疾病，曾经一天遇到了七十种剧毒，他神奇地化解了这些剧毒。长期利用天然药物治疗疾病使得我国人民发展了中医中药。

草本植物为了保护自己，在进化中会调整代谢通路，产生一些非生长所必需但能抑制或者杀死微生物的化合物，这些化合物会较好地阻滞微生物正常的生理功能，或者导致微生物死亡。这也是为什么古人经常在植物中找到治疗疾病的物质。草药商人的活动使不同地区的草药得以流通，医者也因此逐渐发现不同地区的土壤、气候甚至采摘时间对草药疗效存在影响。少数民族根据自己地区特有的植物，形成了如藏药（如雪莲花，可除寒、壮阳、调经、止血）、傣药（如龙血竭，可活血散瘀、定痛止血、敛疮生肌）、苗药（如白龙须，可祛风除湿、舒筋活络、散瘀止痛）等延续至今的用药。

中医是经过长期医疗实践逐步发展并形成的医学理论体系。抛去糟粕部分，中医医术绝对是我国重要的文化瑰宝，其长久的发展历史中，积累了很多精华（图7.1）。

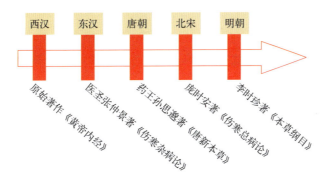

图 7.1 中医学和中药学著作

7.1.2 微生物与疾病关联的发现

草药是古时候中医的发展源泉，但实际上西方也有相似的用药传统。如热带地区蚊虫肆虐，常发生疟疾（本病主要表现为周期性规律发作、全身发冷、发热、多汗，长期多次发作后，可引起贫血和脾肿大，见图7.2），冷时如入冰窖，热时似进烤炉。南美秘鲁地区的印第安人发现金鸡纳树的树皮可以治疗该病，故此树在当地被称为生命之树。其树皮（见图7.3）

图 7.2 患疟疾的儿童

图 7.3 金鸡纳树树皮

制成的药物被广泛使用，即疗效神奇的金鸡纳霜。该药还被传教士带到中国治好了清朝康熙皇帝的疟疾。

1820年，法国著名药学家皮埃尔·佩尔蒂埃（Pierre Joseph Pelletier）与约瑟夫·卡旺图（Joseph Bienaimé Caventou）从树皮中提取有效成分奎宁（quinine，图7.4），其名称来自印加土语的树名"quina-quina"。后来印尼爪哇岛等地成为奎宁来源树种的种植地。二战期间，由于主要产地东南亚被日本侵占，一时间天然来源的运输被切断，人们开始寻求人工和工业合成抗疟药物的方法。

1944年，美国有机化学家罗伯特·伍德沃德（Robert Woodward）等第一次成功地人工合成奎宁。德国开发出了奎宁的类似物——氯喹，保留了喹啉的母体，简化了侧链含氮三环的复杂结构，更利于实现有机合成的工业化。氯喹成为一类通过天然产物结构改造合成的代表性药物，其分子式如图7.5所示。

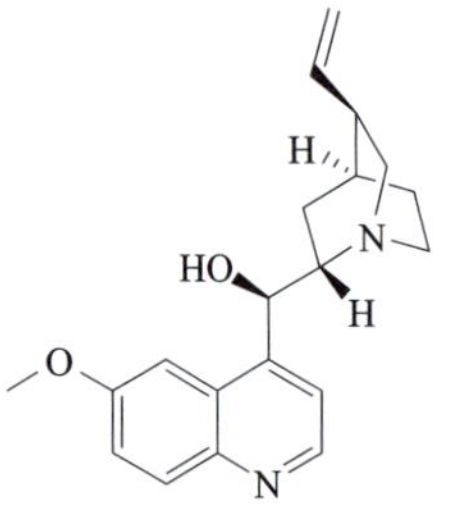

图 7.4　奎宁分子式 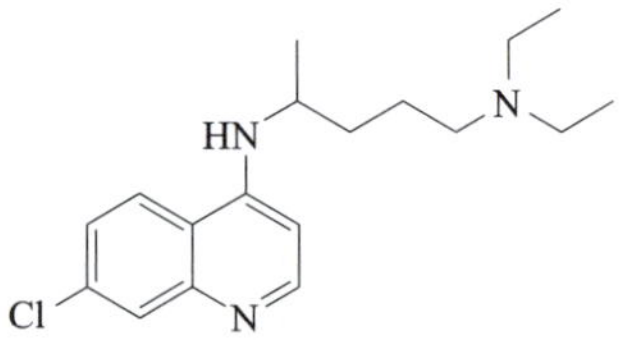　　　　图 7.5　氯喹分子式

青蒿素的发现和临床上氯喹疗效减弱有关。屠呦呦先是在重庆酉阳地区发现了一株富含有效成分的"真正青蒿"。虽说屠呦呦用乙醚萃取到了有效成分，但是该成分仍然是混合物，如何去掉杂质拿到单体呢？在实验室中采取的是一种柱色谱的技术。课题组组员钟裕蓉利用色谱技术分离得到三个单体，其中2号单体最有效，并确定了分子式 $C_{15}H_{22}O_5$。后来受其他研究组鉴定的鹰爪素结构存在过氧键（即两个氧原子直接相连）的启示，中国科学院上海有机化学研究所吴毓林利用有机化学的特征性反应证实了青蒿素里面的确有过氧键，1975年中国科学院生物物理研究所根据可能的结构利用单晶结构的解析确定了青蒿素的相对构型（图7.6）。

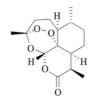

图 7.6　青蒿素分子式

 知识框 7.1　柱色谱

相信很多人对自己孩童时期尿床的窘迫记忆深刻，被子上面会呈现不同的圈子，其实这是因为尿液中不同物质在水和棉花之间吸附和解吸附能力有差异，跑出了不同速度的迁移，最终形成了分离。而柱色谱利用的是类似的技术，只不过棉花换成了硅胶或者氧化铝等物质，而水变成了精心调整的各种有机溶剂占比不同的混合溶剂，通

过反复尝试进而把所需物质与其他干扰成分彻底分离，达到纯化的目的。

回顾历史，我们可以发现青蒿素的发现是个英雄图谱录，接力赛跑，很多机构都对此做出了贡献（图 7.7）。但是在大家都在尝试青蒿提取但没有取得重大进展的背景下，屠呦呦和其组员率先获得了青蒿素有效单体物质，其他人的工作都是在该物质的基础上才得以展开。屠呦呦也因此获得 2015 年诺贝尔生理学或医学奖。

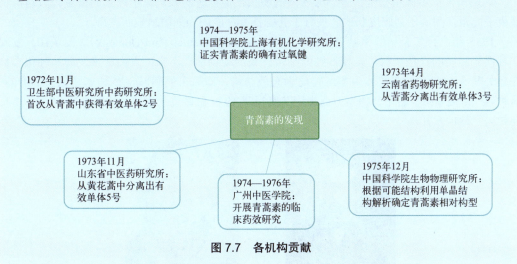

图 7.7　各机构贡献

与屠呦呦一起共享 2015 年诺贝尔生理学或医学奖的是爱尔兰科学家威廉·塞西尔·坎贝尔（William C. Campbell）和日本科学家大村智（Satoshi Ōmura）。后两位科学家的贡献是发现了阿维菌素——一种具有杀虫、杀螨、杀线虫活性的十六元大环内酯类化合物，该化合物从根本上降低了河盲症和象皮病的发病率。在给予他们的诺贝尔颁奖词中写道：寄生虫病已经影响了人类几个世纪，这不仅是全球健康问题，它也阻碍了世界文明的进程，他们三人（坎贝尔、大村智、屠呦呦）改写了人类遭受寄生虫病肆虐的历史，由于他们提出的革命性治疗方法，人类有望永远根除这些虫媒传染病，这也是人类医学历史上的一次重要胜利。

要知道，许多疾病都是由微生物病原体导致的，尽管肉眼看不到各式各样的微生物，但大家都已经知道了这些"小家伙们"的存在。但你可能不知道的是，过去人们付出了许多生命的代价才终于意识到微生物与疾病的联系。

微生物是从哪里来的呢？在 19 世纪之前普遍认为，这是从不洁物中自发产生的。而巴斯德（图 7.8）怀疑微生物来自生物本身。然后他用著名的鹅颈瓶实验证明煮沸后的肉汤在鹅颈细管的隔离下可以保持不变质。巴斯德进而创制了"巴氏消毒法"，通过密闭条件下 50～60℃的短时间加热就可以灭菌。继巴斯德的伟大贡献之后，对微生物的研究及针对其药物的开发拉开了序幕。

图 7.8　路易斯·巴斯德

 问一问 7.1

尽管巴斯德被称为"微生物之父"，但微生物的首次发现却另有其人，你知道是谁吗？

罗伯特·科赫（Robert Koch）（图7.9）在患病牛羊和毛工病患者的皮肤组织中，找到了一种杆状微生物，他把这种微生物叫作炭疽杆菌。他用病牛的脾脏组织感染了老鼠，而死去的老鼠身上的组织，还能进一步感染健康的老鼠。这些实验让他相信，正是这种微生物，导致了牛羊和人的感染。这是人类首次将微生物与疾病联系起来。科赫因此而获得1905年的诺贝尔生理学或医学奖。

这些研究揭示微生物是许多感染疾病的源头，但当时的人们对于顽强的微生物致病菌仍然束手无策，刮胡子划破皮肤或者被钉子扎脚都有可能因为细菌感染而丧命。

1935年，拜尔公司的格哈德·多马克（Gerhard Johannes Paul Domagk）（图7.10）发现一种偶氮结构的红色染料可以使被致命细菌感染的动物幸存下来。人们后来发现这种化合物在体外是无效的，只有在体内才可转化为有效结构，即后来的磺胺。多马克是足够幸运的，这种叫"百浪多息"的化合物不但后来为其赢得了1939年诺贝尔生理学或医学奖（1939年），还救回了他的女儿。

图7.9　罗伯特·科赫　　　图7.10　格哈德·多马克

 诺奖小故事 7.1　救女心切发现 KI-730

1932年秋天，多马克6岁的小女儿希尔加德（Hildegard）在一次玩耍中不幸被小刀划破了手指，最初家人不以为意，然而过了几天，希尔加德却发起了高烧，手也肿胀起来。去医院才知道，希尔加德竟然是链球菌感染。很快，希尔加德便奄奄一息，当时使用了抗生素也是效果甚微，医生无药可医，告诉多马克这位焦急的父亲：眼前最好的办法，就是让希尔加德截肢，然而就算是这样，也不一定能够挽回她的生命。

看着女儿的一生很有可能就要毁掉，多马克想到了自己的实验，还没有投入临床医学的KI-730，在妻子的支持下，多马克孤注一掷，将发明药物给予女儿治疗，在KI-730输入后没多久，奇迹出现了，希尔加德身体上的炎症很快消失，过了一个星期，竟然完全康复了。

多马克将自己的发明成果发表在了医学杂志上，实际上，KI-730正是后来的百浪多息，磺胺类药物的一种，经过广泛的临床试验表明，对比起抗生素，它具有抗菌谱广泛、性质稳定、使用简便、生产不消耗粮食等重要优点。

因此，多马克成功斩获了1939年的诺贝尔生理学或医学奖，不过因为当时德国希特勒执政，盖世太保害怕他去瑞典领奖对法西斯不利，在纳粹的逼迫下，多马克只好声明拒绝这项奖励。直到战后1947年他才去斯德哥尔摩发表受奖演说，领取了奖章和奖状，不过这依然不影响多马克对于人类的重要贡献，他作为一个父亲的果敢和伟大也让人敬佩。

7.1.3 青霉素的发现——拉开抗生素时代的大幕

尽管磺胺类药物取得了巨大成功，但不久后，它的缺点就暴露了：细菌对不同的磺胺药物具有交叉耐药性，导致磺胺药物临床抗菌效果逐渐衰减。几乎就在同时，英国的科学家在培养葡萄球菌的培养基中，发现了一些灰绿色的霉点，其周围却无葡萄球菌生长。把这种灰绿色的霉点接种到肉汤培养液中，在其生长繁殖期将含大量霉菌的培养液滤到有葡萄球菌和其他致病细菌的培养基上，这时人们惊讶地看到，细菌不再生长了。科学家们一鼓作气，将这种液体稀释 100 倍、200 倍甚至 800 倍，它们依旧可以杀灭大部分细菌。这种溶液就是世界上最早的青霉素。但因当时条件限制，直到第二次世界大战爆发，青霉素才重新被重视和开发。青霉素结构式如图 7.11 所示。

图 7.11　青霉素分子结构式

诺奖小故事 7.2　抗生素的发现

故事是这样开始的：1928 年，亚历山大·弗莱明（Alexander Fleming）在度假回来后，发现遗忘在实验室窗台上的细菌培养皿中的细菌被其他菌株污染了，然而在被污染的地方细菌却无法生长，形成了一个个抑菌圈。弗莱明没有随手丢弃这个培养皿，他分离培养了这种霉菌，发现其对金黄色葡萄球菌、肺炎链球菌等有很好的抗菌活性。然而，当时成功的聚光灯都照在磺胺上，加之霉菌的有效物质很难分离鉴定，工业化生产更是遥遥无期，因此弗莱明的成果在 1929 年发表后的很长一段时间一直无人问津。实际上，弗莱明根本不知道培养液里面有什么，因此弗莱明并没有得到纯化的、单一的青霉素。

十几年后，化学家恩斯特·钱恩（Ernst Boris Chain）无意中从文献堆中发现了这一报告，他对其中的有效物质非常感兴趣，他和霍华德·弗洛里（Howard Walter Florey）一起合作，分离到了霉菌分泌的有效纯品，并实际应用于人的治疗中。值得一提的是，青霉素的结构鉴定是由多罗西·克劳福特·霍奇金利用晶体衍射仪完成。1945 年，弗莱明、弗洛里、钱恩（图 7.12）三人共获诺贝尔生理学或医学奖。

图 7.12　亚历山大·弗莱明、霍华德·弗洛里和恩斯特·钱恩

新的问题是，青霉素的工业生产遭遇到巨大困难，"产率非常低，分离极为困难，提取更是要命，纯化那简直是灾难性的"，连中试都无法完成。直到 1942 年初，全美国的储备量也仅可供两人次的治疗。

青霉素的工业化生产和战争机器的开动密切相关，二战后期磺胺在临床上开始对耐药菌丧失疗效，美国军方和默沙东等大型制药企业联手开发了青霉素的浸润式深罐发酵方法，到 1945 年其产量能满足盟军在各大战场的需求，从而拉开了抗生素治疗时代的序幕。青霉素一经投入战争就发挥了其巨大的作用，战争期间拯救了数以千万计的生命。

或许正是因为当时青霉素的巨大功效，这一划时代药物的发现冲昏了人们的头脑，此后人们开始大量使用青霉素，无论什么疾病，只要服用足量的青霉素就能治愈。正是因为这种超量使用的行为，很快人们就发现细菌对青霉素产生了耐药性。八年后，青霉素就仅对 15% 金黄色葡萄球菌感染有效。耐甲氧西林金黄色葡萄球菌是一种臭名远扬的细菌，现今，绝大多数抗生素已经几乎对它不起作用。

我国是世界上最大的抗生素制造国和消费国，抗生素的滥用尤为明显。从微观来看，会使得各种细菌不断进化为"超级细菌"；从宏观来看，甚至会加重一些疾病导致患者死亡，而且不断地去开发新的抗生素也是一项巨大的财富支出。人类不断地开发新的抗生素，细菌也总能产生相应的耐药性。正如微生物学家、诺贝尔奖得主约书亚·里德伯格所说："用我们的智慧对抗它们的基因，这是一场无休止的较量，也必将凶险异常。"

据英国广播公司（BBC）报道，2019 年全球有超过 120 万人死于有抗生素耐药性的细菌感染，这一数字超过了全球每年死于疟疾或艾滋病的人数。预计细菌耐药性导致的死亡人数将在 2050 年超过癌症。抗生素的发现确实改变了现代医学，但人类对抗生素的过度依赖却导致了医疗成本增加、耐药菌无法限制等问题。如今在抗生素领域最重要的或许已经不是开发新的抗生素，而是如何对付"超级细菌"。最新的研究成果揭示了抗生素耐药性问题除了与耐药菌株的大量产生有关外，还与致病菌在人体内以生物膜的方式生长密切相关。

生物膜是细菌黏附在物体表面上形成的一种具有高度结构性的膜状复合物，其主要成分为细菌分泌的胞外基质和细菌菌体。生物膜的形成显著增强了细菌对抗生素、化学菌剂以及机体免疫系统的抵抗能力。以色列本古里安大学团队发现在西兰花中有一种叫作 3,3′-二吲哚甲烷（DIM）的物质可以降低细菌对某些抗生素的耐药性（图 7.13）。新研究发现，低浓度的 DIM 会破坏细菌之间的"群体感应"（quorum sensing），防止它们对人类造成伤害。群体感应允许细菌共享有关细胞密度的信息并相应地调整其基因表达，形成细菌生物膜，保护细菌不被抗生素根除。该研究团队相信 DIM 可能会在未来 5 年内被批准用于动物，并在未来 10～15 年内被批准用于人类。DIM 和其他微生物通信干扰物的研究有广阔的应用前景。

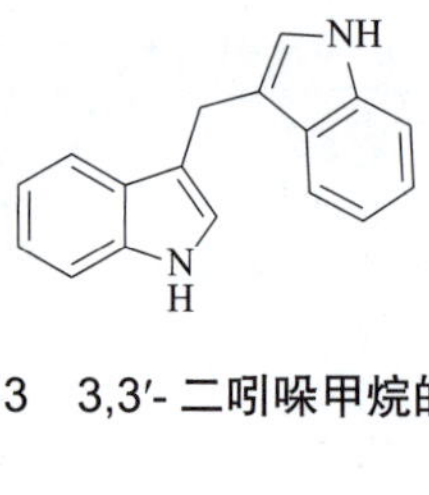

图 7.13　3,3′-二吲哚甲烷的结构

7.2　走向设计药物

7.2.1　砷凡纳明的发明

理性设计药物即根据药物发现过程中的基础研究所揭示的药物作用靶点（受体），参考其内源性配体或天然药物的化学结构特征，按配体理化性质寻找和设计合理的药物分子，以便有效发现可选择性作用于靶点且具有药理活性的先导物；或根据靶点的三维结构直接设计

活性配体的方法。事实上，早在二十世纪保罗·埃尔利希（Paul Ehrlich）（图 7.14）提出的魔弹理论就是人类最初的理性设计药物理论。他希望找到一种具备特殊侧链的化学物质，这种物质对病原体有高度亲和力——"虫毒"，对人体的伤害最低——"体毒"，这就是埃尔利希的"魔弹"概念。"魔弹"蕴含着二十一世纪药物研发的方向：精准定向，只攻击病原，不伤害身体。有了理论，如何去实现？这个过程便利用了埃尔利希的系统筛选法，"罗列组合，逐个检验"，一个划时代的创举。

图 7.14　保罗·埃尔利希

很快埃尔利希就将自己的理论付诸实践，彼时德国两位学者绍定和霍夫曼找到了梅毒病原体，震惊了医学界。埃尔利希和他的助手们则立刻着手用侧链理论筛选治疗梅毒的药物。因为这一突出贡献，埃尔利希获得了 1908 年的诺贝尔生理学或医学奖。

 知识框 7.2　侧链理论

　　针对特定的病原体，选择一种有希望的底物，系统修饰这种物质周边的基团，改变它的属性，然后逐个尝试，从中筛选出有效而安全的药物。
　　埃尔利希的助手波特海姆配制出了六百多种衍生物。所有衍生物都要先在试管里测试，再试用于感染的动物，观察疗效和毒性，需要进行连续几个月单调重复的操作。埃尔利希把这个任务交给了日本医生秦佐八郎（Sahachiro Hata），第三零六和第四一八制剂昙花一现，秦佐八郎一直测试到第六〇六号制剂（砷凡纳明，图 7.15）才得到有效的治疗结果。梅毒的病原体为梅毒螺旋体，它是一种介于细菌和原虫之间，外观呈螺旋状的原核微生物。现代医学治疗梅毒的首选药物为青霉素，尽管青霉素治疗已经替代了砷凡纳明，但在那个年代依据侧链理论进行了无数次实验得到的砷凡纳明无疑也是人类智慧的结晶。

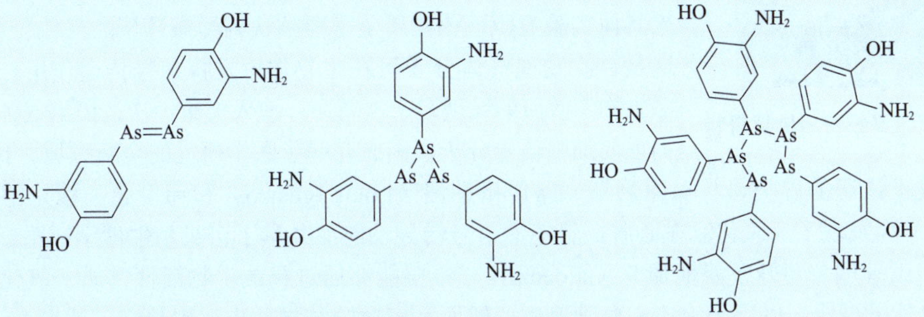

图 7.15　早期认为的错误砷凡纳明结构（左图）和现代化学分析认为的砷凡纳明结构（中图和右图结构的混合物）

7.2.2　失败了的设计药物——齐多夫定

　　理性设计药物的过程是非常复杂、繁琐的，尽管有些设计在理论上可行，但在实际应用中也会受到许多因素干扰，齐多夫定就是失败的"魔弹"案例。
　　自从沃森和克里克发表正确的 DNA 双螺旋结构后，人们更加理解了遗传信息的载体。

1968 年，美国密歇根癌症基金会的霍维茨（Jerome Phillip Horwitz）想设计一个核苷的类似物，以欺骗癌细胞作为一个组成单元插进 DNA 中。而这个类似物齐多夫定（图 7.16）不像正常的核苷，原先的 3-OH 被三个氮原子相连的叠氮基取代，一旦进入 DNA 链将无法磷酸化并按照预期延长。分子的设计理念虽好，但不幸的是该化合物却对所测试的癌症和病毒活性低。齐多夫定也因此没有申请过任何专利保护。

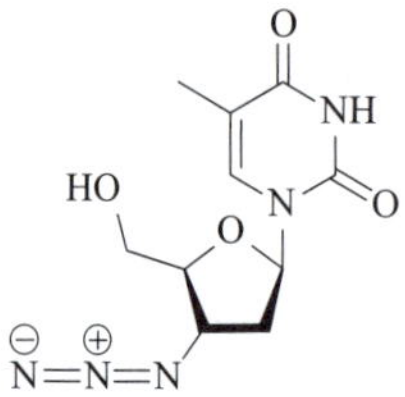

图 7.16　齐多夫定结构式

设计失败的药物有很多，这里之所以提到齐多夫定是因为尽管它在原有的设计初衷上没有得到很好的应用，但自从 HIV 病毒被发现之后，科学家们却发现它可以选择性抑制 HIV 病毒的逆转录酶，从而使 HIV 病毒丧失活性。因此发现，齐多夫定迎来了翻身之仗：英国人想起来了这个"过气"的化合物，与美国人合作成功把它推向市场，使其成为历史上第一个治疗 HIV 的药物。齐多夫定在药物历史上属于无心插柳的典型案例之一。

7.2.3　一氧化氮与西地那非、硝化甘油

图 7.17　罗伯特·佛契哥特

20 世纪 70 年代末，美国药理学家罗伯特·佛契哥特（Robert Furchgott）（图 7.17）意识到他自己之前提出的血管平滑肌上同时含有运动性和抑制性两种胆碱能受体的假设是错误的，因为他发现一种乙酰胆碱类似物无法使兔子的离体主动脉收缩，反而总是舒张。佛契哥特通过设计精妙的"三明治"血管灌流模型，进而指出舒张血管作用依赖于血管内皮释放的某种可扩散的物质。后来其他实验室验证该物质是曾经被认为污染环境的气体一氧化氮，这是首次发现气体分子可在生物体内发挥信号传递作用。一氧化氮生物学效应的发现是一次革命，使人类第一次认识到气体也可作为重要细胞信号分子，因此开辟了医学研究的全新领域。1998 年，勇于改正错误的佛契哥特与路易斯·路伊格纳洛（Louis Ignarro）和弗里德·穆拉德（Ferid Murad）因发现了一氧化氮在心脏血管中的信号转导功能而共享了诺贝尔生理学或医学奖。

美国辉瑞公司开发西地那非（sildenafi），希望能够通过释放生物活性物质一氧化氮以舒张心血管平滑肌，以用于治疗心血管疾病，然而临床试验结果并未达到预期，效果令人失望。1991 年 4 月，西地那非的临床研究正式宣告失败，但在回收受试者剩余药物时意外发现，受试者总是推脱不愿意交出余下的药物。追查之下，发现这一种药的副作用是可以促进阴茎的勃起。

西地那非（图 7.18）是一种 5 型磷酸二酯酶（PDE5）抑制剂，PDE5 在阴茎海绵体内表达水平极高，而在人体其他组织和器官中则表达较低。西地那非通过选择性抑制 PDE5，增强一氧化氮（NO）-环磷酸鸟苷（cGMP）径，升高 cGMP 水平而使阴茎海绵体平滑肌松弛，导致血液流量增加，海绵体充血，使勃起功能障碍患者对性刺激产生自然的勃起反应。辉瑞公司重新组织了新适应证的临床试验并取得成功，西地那非于 1998 年上市，并成为年销售额

10 亿美元的重磅炸弹。

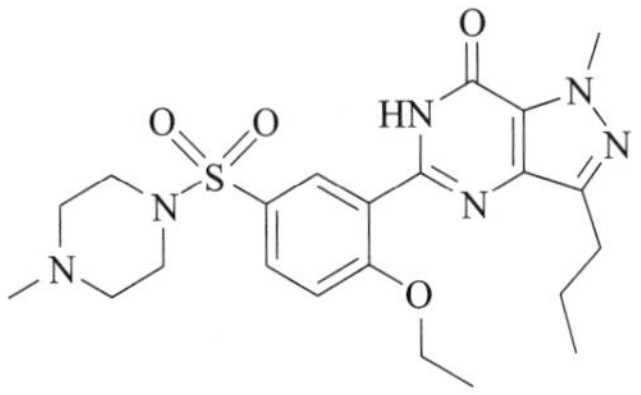

图 7.18　西地那非结构

　诺奖小故事 7.3　硝化甘油能治疗心绞痛？

　　时针拨回到 19 世纪，硝化甘油（nitroglycerin，图 7.19）非常不稳定，很容易在储存和运输中爆炸，诺贝尔以硝化甘油及硅藻土为主要原料，制造出了安全炸药，获得巨额收益。他晚年患有严重心脏病，医生曾建议他服用硝化甘油以缓解心绞痛的发作，但诺贝尔拒绝了，"医生给我开的药竟然是硝化甘油，难道这不是对我一生巨大的讽刺吗？" 1896 年，诺贝尔因心脏病发作而逝世，他死后按照其遗嘱建立了诺贝尔基金会。后来进一步研究才发现硝化甘油正是靠一氧化氮的作用有效缓解心绞痛。

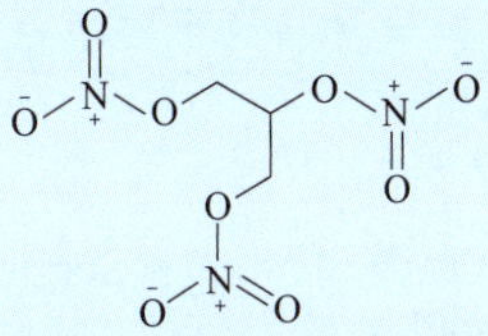

图 7.19　硝化甘油的结构

7.2.4　气体递质

　　气体递质是内源性气体信号分子，包括一氧化氮、一氧化碳和硫化氢等。一氧化碳是血红素的代谢产物，也是第二个被确定的气体信号分子。血红素加氧酶是体内制造一氧化碳的关键酶，包括血红素加氧酶 1 和 2 两种类型。血红素加氧酶 1 是诱导型，而血红素加氧酶 2 是结构型。在很多方面，一氧化碳的功能和一氧化氮类似，例如，一氧化碳也能扩张血管、降低血压，能防止心脏缺血再灌注损伤。

7.3　重大疾病的攻克

　　重大疾病是指医治花费巨大且在较长一段时间内严重影响患者及其家庭正常工作和生活的疾病。中国 2008 年启动的"重大新药创制"科技重大专项主要放在恶性肿瘤、心脑血管疾病、神经退行性疾病、糖尿病、精神性疾病、自身免疫性疾病、耐药性病原菌感染、肺结核以及病毒感染性疾病等领域。重大疾病往往能催生人类对新药物的探索。

7.3.1　抗高血压药物设计

　　高血压（hypertension）是指以体循环动脉血压（收缩压和/或舒张压）增高为主要特征

（收缩压≥140mmHg❶，舒张压≥90mmHg），可伴有心、脑、肾等器官的功能或器质性损害的临床综合征。

人类在漫长的进化过程中，形成了一套在失血时调节血压的保护机制，即在血量低时，会释放血管紧张肽原酶，该酶可以把储存在肝脏的血管紧张肽原转化为血管紧张素 I，血管紧张素 I 又会被血管紧张肽转化酶改变结构成为血管紧张素 II，最终该物质会激活相关受体，导致血管收缩，血压升高。同时，体内降低血压的血管舒张肽又会被血管紧张肽转化酶降解。因此，血管紧张肽转化酶是一个不错的抗高血压药物设计靶标。

在药物设计项目中，靶标的确证有利于药物的理性设计，但其实不是必需的。先导化合物（lead compound）反而是一个药物开发项目所必需的，它必须有明确的活性，该活性可以不高，也可以有毒性或者药代动力学上的缺点。药物化学家们通过有针对性地改变分子结构，进而建立结构与活性之间的关系或者结构与其他性质之间的关系，这种关系图像地图一样指引科学家们如何优化结构、提高活性、降低毒副作用。

知识框 7.3　先导化合物

> 先导化合物简称先导物，是通过各种途径和手段得到的具有某种生物活性和化学结构的化合物，用于进一步的结构改造和修饰，是现代新药研究的出发点。在新药研究过程中，通过化合物活性筛选而获得具有生物活性的先导化合物是创新药物研究的基础。

20 世纪 70 年代巴西科学家塞尔吉奥·费雷拉（Sergio Ferreira）发现美洲洞蛇的蛇毒——多个氨基酸形成的多肽小分子替普罗肽（teprotide），如图 7.20 所示。它能够增强血管舒张肽的效果，因此被称为血管紧张素缓激肽增强因子。借助该蛇毒，凯文（Kevin K. F. Ng）和约翰·罗伯特·维尼（John R. Vane）重复了他们在 20 世纪 60 年代的一个血管紧张素 I 和血管紧张素 II 在肺循环转化的工作，发现该转化被替普罗肽抑制了。人们认为，两者所作用的酶其实是一个酶，因此这一发现为酶抑制剂的开发提供了先导化合物。但是肽是不稳定的，它本质上与蛋白质一样，人体中有大量的酶能够水解它。

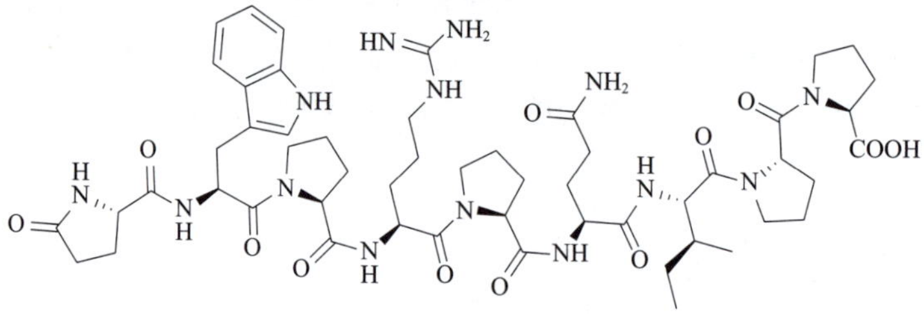

图 7.20　蛇毒替普罗肽结构

美国施贵宝公司（现在的百时美施贵宝）通过改变其结构建立结构与活性之间的关系，发现只有末端的脯氨酸是必不可少的。同时，末端增加一个巯基可以提高活性，事实上该巯基可以与酶的锌离子发生强有力的配位结合，是一个非常重要的药效团。该化合物最后以卡托普利（captopril）的名称上市（图 7.21）。这是药物理性设计这一革命性理念的典型案例之一。不过，巯基有易造成皮疹、失去味觉等副作用，能不能找到一个替代巯基的新药效团

---

❶ 1mmHg=133.3Pa。

呢？这一工作难度非常大，因为药效团一般很难修饰，替换药效团相当于推倒重来。经过不懈的努力，美国默沙东的研究人员发现利用两个基团（即羧基和苯乙基）的组合，可以大大提高活性。但是该化合物半衰期太短，只有 1.3h，根本无法实现一天一粒药物的设计目标。因此，他们利用酯基团在体内水解释放出羧基的"前药"概念，进一步把羧基转换成乙酯，便制成了第二个在美国上市的血管紧张素转化酶抑制剂——依那普利（enalapril）（图 7.22）。

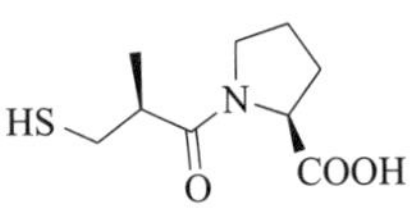

图 7.21 卡托普利结构式

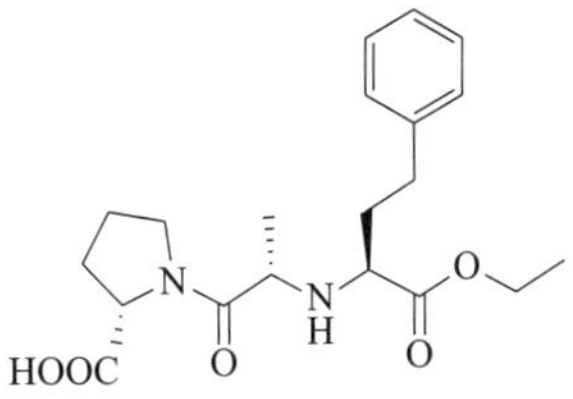

图 7.22 依那普利结构式

7.3.2 曾经的绝症——癌症

癌症是一种不受控制的细胞分裂，正常的细胞是不可能无限增殖的。目前实验室常使用的 Hela 细胞因为在分裂过程中可以维持端粒酶的长度不缩短，因而躲避了正常细胞分裂的海弗利克极限（Hayflick limit）。1971 年 12 月，时任美国总统理查德·尼克松签署《国家癌症法》后，不同抗癌机制的药物开始在科学家们的努力下出现。传统的抗癌药物多为细胞毒性机制，利用对正常细胞和癌细胞毒性的差异，从而杀死癌细胞。然而，细胞毒性的精准性不够高，对增殖比较快的正常细胞也有作用，因此化疗常见的一个副作用是脱发，而且不仅仅是头发，也包括腋毛和阴毛。

在中国上映的电影《我不是药神》中治疗白血病药物的原型是格列卫（Gleevec），它是商品名，化合物叫伊马替尼（imatinib）（图 7.23）。伊马替尼是人类历史上第一个成功研制的小分子靶向药物，作用机制是抑制酪氨酸酶的磷酸化过程。

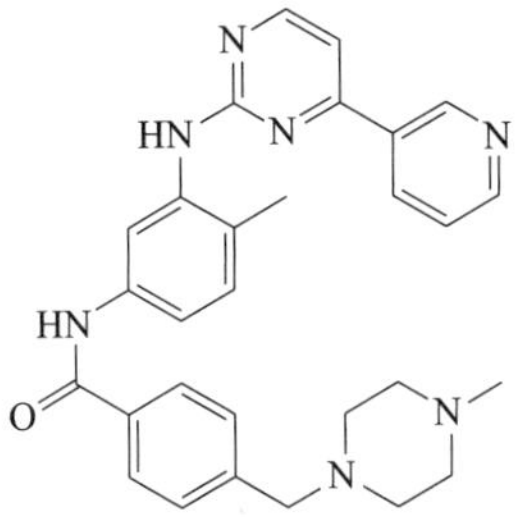

图 7.23 伊马替尼结构式

1956 年，美国费城的彼得·诺维尔（Peter Nowell）通过染色发现慢性髓性白血病（CML）患者的 22 号染色体要明显短一些。后来这种异常的染色体被命名为费城染色体。1983 年，人们发现其原因是 9 号染色体的 ABL 基因与 22 号染色体的 BCR 基因融合，并且编码 BCR-ABL 蛋白，该蛋白属于酪氨酸激酶，会导致细胞分裂不受控制。瑞士的汽巴-嘉基公司（现在的诺华公司）发现一种 2-苯氨基嘧啶骨架化合物可以抑制酪氨酸激酶，不过也会同时抑制其他激酶，选择性不高。通过构效关系研究，最终确定再增加吡啶基团和苯甲酰胺基团以提高活性，增加甲基哌嗪环以提高水溶性，于是有了 2001 年上市的明星药物——伊马替尼。在此之前，只有 30% 的慢性髓性白血病患者能在确诊后活过 5 年，伊马替尼将生存率从 30% 猛地提高到了 89%。图 7.24 为格列卫的作用机制示意图。

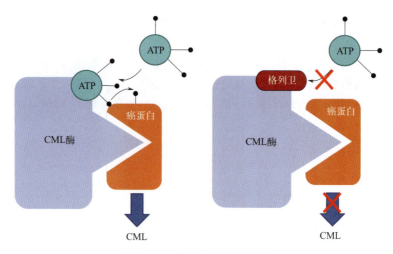

图 7.24 格列卫的作用机制

格列卫最早于 2002 年进入中国市场,当时格列卫售价大约是 23500 元（0.1g×120 片）。一位 CML 患者每个月需要消耗掉一盒格列卫,那么一年下来就需花费接近 30 万元。格列卫价格高不是没有原因的,没有利润驱动,任何厂商都无法承担一种药物平均十亿美元的研发费用以及长达十年的研发周期。也就是说,高技术高风险的行业需要合理的利润,否则患者只能在绝望中死去。当然,任何专利都不能阻碍社会进步和公平,基本上各个国家规定的专利保护周期都是 20 年。但是需要指出的是,研究人员并不可能等到上市才去申请专利,这样会冒极高的被他人抢先申请的风险,因为专利法是会优先授权在先的专利申请。所以,药物的研发时间通常就会占去专利周期的一半甚至三分之二,真正的盈利周期非常短,研发成本必须在短期内收回。这客观上也决定了专利药物非常昂贵,毕竟一旦专利过期,任何人都可以无偿仿制化合物（当然,不能侵犯该化合物的合成工艺、晶型、制剂等其他没有到期的专利）。令人高兴的是,目前电影中患者的困境基本上解决了：中国政府通过国家集中采购的谈判方式已经将格列卫的价格大幅降低至 7000 元左右一盒,同时由于伊马替尼专利过期,国内厂家的仿制药价格在 2023 年已经不足 1100 元（0.1g×60 片 ×2 盒）,个人只需支付医保后的少量费用。

 问一问 7.2

每一种药品的成功都不是一蹴而就的,药品从研发到走向市场需要经历哪些过程呢？

近期人类抗癌的武器库又多了一个核弹级武器：癌症免疫疗法。何为癌症免疫疗法？传统对于癌症的治疗,主要是采用手术治疗和化疗,或者是放疗的方法。免疫疗法是近几年一种新型的疗法,它可以通过使用药物来解除肿瘤环境的免疫抑制,或者是增强免疫系统功能。通过免疫细胞回输,将经过处理的自体或者异体的免疫细胞输入患者体内,使其免疫系统的能力得到提升,而且还会对患者体内的肿瘤细胞实施消灭,最终可以实现预防肿瘤复发、治愈癌症的目标。

20 世纪早期,美国物理学家威廉·科利（William Coley）就发现：当癌症患者身体表面或靠近表面的地方受感染时,肿瘤有时会在感染消除后消失。科利提出利用细菌感染启动免疫系统,进而攻击肿瘤。其实,肿瘤细胞表面有可以被免疫系统识别的肿瘤抗原,但是通常免疫细胞无法对肿瘤细胞发动攻击,这是因为肿瘤会通过表达免疫检查点蛋白来结合免疫细胞上的刹车模块 CTLA-4 或者 PD-1,导致免疫细胞被制动。2018 年诺贝尔生理学或医学奖颁给了来自美国的詹姆斯·艾利森(James P. Allison)和来自日本的本庶佑(Tasuku Honjo)(图 7.25),以表彰这两位科学家发现靶向身体免疫抑制系统并将其作为帮助击败肿瘤的新方法。

图 7.25　詹姆斯·艾利森和本庶佑

在利用两种设计抗体分子抑制这些"刹车"蛋白的治疗策略中,针对 PD-1 的检查点疗法被证明疗效要比针对 CTLA-4 的更好,且在肺癌、肾癌、霍奇金淋巴瘤和黑色素瘤等癌症的治疗中都取得了积极成果。癌症免疫治疗特别是在之前束手无策的癌症治疗中效果显著。

7.3.3　阿尔茨海默病是不是绝症?

1901 年,德国的神经病理学家爱罗斯·阿尔茨海默(Alois Alzheimer)医生接待了一个女性患者,她有严重的记忆障碍,甚至辨别不清方向,还会时不时胡言乱语。后来,为了纪念阿尔茨海默发现该疾病的贡献,这种疾病被命名为阿尔茨海默病。它是一种发病缓慢,随着时间不断恶化的神经退行性疾病。2015 年,全球大约有 2980 万人罹患阿尔茨海默病。到 21 世纪中叶,伴随着全球范围的人口老龄化,阿尔茨海默病患者的总数很可能会突破 1.5 亿。患者大脑会出现淀粉沉积、神经纤维缠结和大量神经元死亡等病理性特点,外在症状为开始时丧失短期记忆,随后发生语言障碍、定向障碍,最后生活无法自理,行为情绪不受控制。

关于阿尔茨海默病的假说有多种,目前均有争议。2002 年以来,制药企业先后投入 2000 多亿美元用于阿尔茨海默病新药研发,然而在 200 多项临床研究中,被寄予厚望的药物在临床后期均没有表现出显著的疗效。目前市场上广泛使用的阿尔茨海默病药物分别是美国华纳-兰伯特(Warner-Lambert)公司研发的他克林(tacrine)、日本卫材制药(Eisai)研发的多奈哌齐(donepezil)、诺华研发的利伐斯的明(rivastigmine)、强生公司研发的格兰他明(galantamine)和艾尔建研发的美金刚(memantine)。其中前四种为乙酰胆碱酯酶抑制剂,最后一种为 N-甲基-D-天冬氨酸受体拮抗剂。

2019 年 10 月,美国生物制药公司百健(Biogen)和日本生物制药公司卫材(Eisai)发布消息称他们联合研发的阿尔茨海默病药物阿杜那单抗(aducanumab)有数据支持能降低阿尔茨海默病患者的病情恶化速度。这则消息导致百健公司的股票在纳斯达克开盘前大幅上涨 40% 左右。然而,新闻的背后并不乐观,这个药物很快就被宣布临床失败,只是事后进一步数据分析显示在高剂量组其疗效有显著性。然而,显著性产生的原因是安慰剂组疾病恶化的速度有些快,这种落差导致药物看起来发挥了作用。国内中国科学院上海药物研究所和上海绿谷制药公司研发的"GV-971"是以海洋褐藻提取物为原料制备的低分子酸性寡糖混合物,是靶向脑肠轴的阿尔茨海默病治疗新药,其作用机制和临床数据也引起了巨大争议。2022 年绿谷制药宣布阿尔茨海默病治疗药 GV-971 停止Ⅲ期临床试验。

2023年，卫材和渤健联合开发的仑卡奈单抗（lecanemab）被批准用于治疗阿尔茨海默病，该药是20年来首个获得FDA完全批准的阿尔茨海默病药物。仑卡奈单抗属于β-淀粉样蛋白（Aβ）药物，Aβ生成和清除的失衡被普遍认为与阿尔茨海默病进展相关。

阿尔茨海默病以其庞大的市场需求，一直以来被药物研发人员视为"皇冠上的明珠"，但也是一个药物研发的巨坑。事实上，高投入、高风险、高失败率已经成为阿尔茨海默病新药研发的标签。面对该病，人们仍然在等待更大范围的临床检验以证实我们真正迎来了突破性的发现。

7.4 未来——人工智能理性设计药物？

《麻省理工学院科技评论》发布2020年"全球十大突破性技术"，其中"人工智能辅助药物设计"入选。药物发现过程包括药物靶标的选择与确认、先导化合物的确定、构效关系的研究与活性化合物的筛选以及候选药物的确定等步骤。化合物的数量过于巨大，据估计约有10^{60}个分子，找到有价值的候选药物犹如大海捞针。有一种观点认为常见的、易于发现的药物已经被发现，剩下的被发现的难度更大，因此研发的成本自然越来越高。人们有一些通过物理化学性质判断化合物是否有成为药物潜力的简单方法，如类药五原则，对分子量、氢键受体供体数目、疏水性等进行了限制，但是这远远不够。

1959年，人工智能的先驱之一亚瑟·萨缪尔（Arthur Samuel）使计算机无需编程即可学习，创建了机器学习领域。人工智能辅助药物设计领域涌现了一批独角兽公司，包括Insilico Medicine、BenevolentAI、Atomwise、Numerate、NuMedii、Exscientia等。2018年，苏黎世联邦理工学院的吉斯伯特·施耐德（Gisbert Schneider）团队发表了第一个合成和测试分子生成模型的实验数据。

2019年来自Insilico Medicine的首席执行官（CEO）Alex Zhavoronkov和多伦多大学的Alán Aspuru-Guzik训练一个模型，使其筛选出一个治疗肺纤维化的靶点。该模型在21天内从30000个小分子化合物中筛选出6种DDR1（一种涉及纤维化和其他疾病的激酶靶点）的强效抑制剂，其中一种候选药物在小鼠试验中显示出良好的药代动力学。整个研发过程只花了不到18个月的时间和大约200万美元，刷新了药物研发最快速度和最低成本的记录。英国Exscientia和日本住友制药（Sumitomo Dainippon Pharma）宣称他们用人工智能技术设计的抗强迫症药物5-HT1A受体激动剂DSP-1181，是全球首个由AI设计进入临床试验的候选药物，于2020年1月份在日本开始Ⅰ期临床试验。DSP-1181从最初的筛选到临床前测试结束，用时不到一年（2022年住友官网显示已在临床Ⅰ期停止开发）。但也有不少人对此提出了质疑，诺华的药物化学家Derek Lowe就认为：DSP-1181的靶点并非新靶点，结构也非常类似已有的DDR1激酶抑制剂骨架。

计算机辅助蛋白质设计（CAPD）是指在蛋白质工程中应用计算机技术，通过对已知的蛋白质顺序、分子构象、结构与功能关系等数据的分析处理，预测和评估蛋白质改造中的各种方案，做出最佳选择。具体地讲，这是蛋白质工程中对蛋白质设计软件的研究。AlphaFold2是DeepMind公司的一个人工智能程序。2020年11月30日，该人工智能程序在蛋白质结构预测大赛CASP14中，对大部分蛋白质结构的预测与真实结构只差一个原子的宽度，达到了人类利用冷冻电子显微镜等复杂仪器观察预测的水平，这是蛋白质结构预测史无前例的巨大进步，这一重大成果虽然没有引起媒体和广大民众的关注，但让生物领域的科学家反应强烈。

人工智能系统不但可以通过模拟计算减少在体外或体内系统中实际测试的合成化合物的

数量来降低研发支出，还可以通过逆合成分析提出可行的合成路线。20 世纪 60 年代，有机合成大师艾里亚斯·詹姆斯·科里（Elias James Corey）教授提出了逆合成分析法，将目标分子分解为更小的砌块，并最终倒推出市面上可购买到的试剂，为化学家完成复杂有机分子的合成提供了强大的思维工具，他也因此获得 1990 年诺贝尔化学奖。2016 年，波兰科学院巴托什·格日博夫斯基（Bartosz Grzybowski）教授与韩国蔚山国家科学技术研究所联合开发了一款名为 Chematica 的软件（现已更名为 SYNTHIA™，2017 年 5 月被德国制药巨头默克收购）。Wiley 出版社也开发了一款建立在"大数据"和"机器学习"基础上的化学合成软件 Chemplanner。格日博夫斯基教授利用 SYNTHIA™ 为抗新冠病毒药物瑞德西韦开发了新的经济实用的合成路线，该合成路线与原始研发路线非常相似，这在某种程度上很好地体现了人工智能的先进性。

计算机其实早已融入药物研发的各个模块中，例如分子对接、化学物理性质预测、活性预测、毒理性质预测、小分子与蛋白质相互作用等，然而这些还没有系统整合，也没有体现人工智能。但最近几年机器学习与制药领域的深度融合使得我们有理由相信，尽管目前还没有人工智能药物上市，但是人工智能可以帮助人类打造更快、成本更低和更有效的药物开发流程，未来人工智能设计药物指日可待。

 问一问 7.3

你还知道其他计算机辅助设计药物的实例吗？

参考文献

[1] https://www.nobelprize.org.

[2] 德劳因·伯奇. 药物简史 [M]. 梁余音, 译. 北京：中信出版社, 2019.

[3] 恩斯特·博伊姆勒. 药物简史 [M]. 张荣昌, 译. 桂林：广西师范大学出版社, 2005.

[4] 梁贵柏. 新药研发的故事 [M]. 上海：上海三联书店, 2014.

[5] 李仁利. 药物构效关系 [M]. 北京：中国医药科技出版社, 2004.

[6] 卡米尔·乔治·沃尔穆什. 实用药物化学 [M]. 蒋华良, 译. 北京：科学出版社, 2012.

[7] 深圳市福田妇幼保健院. 消除疟疾：谨防境外输入 [R/OL]. [2020-04-15].

[8] 亚诺斯·费舍尔, 克里斯汀·克莱恩, 韦恩·柴尔德斯. 成功药物研发 Ⅱ [M]. 白仁仁, 译. 北京：科学出版社, 2021.

[9] Apaydın S, Török M. Sulfonamide derivatives as multi-target agents for complex diseases [J]. Bioorganic & Medicinal Chemistry Letters, 2019, 29(16): 2042-2050.

[10] Batiha G E, Alqahtani A, Ilesanmi O B, et al. Avermectin derivatives, pharmacokinetics, therapeutic and toxic dosages, mechanism of action, and their biological effects [J]. Pharmaceuticals , 2020, 13(8): 196.

[11] Baruch Y, Golberg K, Sun Q, et al. 3, 3′-Diindolylmethane (DIM): a potential therapeutic agent against cariogenic Streptococcus mutans biofilm [J]. Antibiotics, 2023, 12(6): 1017.

[12] Christaki E, Marcou M, Tofarides A. Antimicrobial resistance in bacteria: mechanisms, evolution, and persistence[J]. Journal of molecular evolution, 2019, 88(1): 26-40.

[13] Christensen S B. Drugs that changed society: history and current status of the early antibiotics: salvarsan, sulfonamides, and β-lactams [J]. Molecules, 2021, 26(19): 6057.

[14] 世界卫生组织新报告呼吁立刻采取行动，以避免抗微生物药物耐药危机. https://www.who.int/zh/news/item/29-04-2019-new-report-calls-for-urgent-action-to-avert-antimicrobial-resistance-crisis.

[15] Han Y Y, Liu D D, Li L H. PD-1/PD-L1 pathway: current researches in cancer[J]. American journal of cancer research,

2020, 10(3): 727-742.

[16] Hutchings M I, Truman A W, Wilkinson B. Antibiotics: past, present and future[J]. Current opinion in microbiology, 2019, 51: 72-80.

[17] King T C. Azo dyes and human health: A review[J]. Journal of environmental science and health, part C: environmental carcinogenesis & ecotoxicology reviews, 2016, 34(4): 233-261.

[18] Lobanovska M, Pilla G. Penicillin's discovery and antibiotic resistance: lessons for the future?[J]. The yale journal of biology and medicine, 2017, 90(1): 135-145.

[19] Ma N, Zhang Z Y, Liao F L, et al. The birth of artemisinin [J]. Pharmacology & Therapeutics, 2020, 216: 107658.

[20] Moingeon P, Kuenemann M, Guedj M. Artificial intelligence-enhanced drug design and development: Toward a computational precision medicine [J]. Drug discovery today, 2022, 27(1): 215-222.

[21] Munita J M, Arias C A. Mechanisms of antibiotic resistance [J]. Microbiology spectrum, 2016, 4(2): 4.2.15.

[22] Paul S M, Mytelka D S, Dunwiddie C T, et al. How to improve R&D productivity: the pharmaceutical industry's grand challenge [J]. Nature reviews drug discovery, 2010, 9(3): 203-14.

[23] Rough K, Sun J W, Seage G R, et al. Zidovudine use in pregnancy and congenital malformations [J]. AIDS, 2017, 31(12): 1733-1743.

[24] Rowshanravan B, Halliday N, Sansom D M. CTLA-4: a moving target in immunotherapy [J]. Blood, 2018, 131(1): 58-67.

[25] Salman M, Abbas R Z, Mehmood K, et al. Assessment of avermectins-induced toxicity in animals [J]. Pharmaceuticals, 2022, 15(3): 332.

[26] The nobel prize[R/OL]. [2023-12-10].

[27] Tu Y Y. Artemisinin-a gift from traditional chinese medicine to the world (Nobel Lecture) [J]. Angewandte chemie, international edition in English, 2016, 55(35): 10210-26.

[28] Waheed H, Moin S F, Choudhary M I. Snake venom: from deadly toxins to life-saving therapeutics [J]. Current medicinal chemistry, 2017, 24(17): 1874-1891.

[29] Zhavoronkov A, Ivanenkov Y A, Aliper A, et al. Deep learning enables rapid identification of potent DDR1 kinase inhibitors [J]. Nature biotechnology, 2019, 37(9): 1038-1040.